Schrader-Motor-Chronik

Büssing Lastwagen und Zugmaschinen

1903–1971

DIESEL-LASTWAGEN

sparen Brennstoffkosten

von 1,5 bis 8,5 t Nutzlast

eine lückenlose Typenreihe

Schrader-Motor-Chronik

Büssing Lastwagen und Zugmaschinen

1903–1971

Eine Dokumentation von Wolfgang H. Gebhardt

Schrader Verlag spezial

Eine Haftung des Autors oder des Verlages und seiner Beauftragten für Personen-, Sach- und Vermögensschäden ist ausgeschlossen.

ISBN 3-613-87183-1

Ein Unternehmen der Paul Pietsch Verlage GmbH +Co.
1. Spezialausgabe 1999

Lektorat: Joachim Kuch, Halwart Schrader
Gesamtherstellung: Fotolito LONGO, Bozen
Printed in Italy

Inhalt

Vorwort

Nutzfahrzeuge der Marke Büssing waren im Straßenbild bis zum Ende der siebziger Jahre eine Selbstverständlichkeit. Büssing zählte mit seinen Konstruktionen zum belebenden Bestandteil der deutschen Automobilindustrie.
Wolfgang H. Gebhardt, Verfasser der SMC-Bände »Deutsche Ackerschlepper«, »Faun« und »Büssing Omnibusse«, zeigt mit dieser Dokumentation einen Querschnitt der Geschichte des Lastwagen- und (Sattel-) Zugmaschinenbaus dieses Braunschweiger Herstellers, der durch die Chrom-Spinne an der Kühlermaske und durch das Löwen-Emblem uns allen gut in Erinnerung ist. Mit einer Auswahl von Unterlagen und Prospekten, die aus dem Archiv von Herrn Hans Pairan in Rollhofen stammen, wollen wir in chronologischer Folge einige repräsentative Lkw- und Zugmaschinen-Konstruktionen des Büssing-Produktionsprogramms zeigen. Eine lückenlose Übersicht zu bieten, ist durch die Vielzahl der Typen, die Büssing herausgebracht hat, kaum möglich; es können deshalb jeweils nur Beispiele aus den wichtigsten Baureihen gezeigt werden.

Halwart Schrader

Der Name Büssing stand bis in die 70er Jahre für schwere, solide und mit speziellen Eigenschaften ausgestattete Lastwagen und Omnibuse.
Heinrich Büssing kam 1843 in Nordsteimke bei Fallersleben als Sohn des Gemeindeschmiedes zur Welt. Nach Lehre und Wanderschaft verfügte er über ausreichende Kenntnisse, mit denen er 1868 seine erste Firma in Braunschweig gründete, die Velocipede, also Hochräder herstellte. Seine Devise »Ich halte auf die größte Solidität« war der Garant für den Erfolg seiner Unternehmungen. 1871 richtete er mit dem Kaufmann Max Jüdel eine Signalbauanstalt ein, die mit einer Fülle von Patenten Büssings prosperierte.
Als sich Büssing um die Jahrhundertwende ein Daimler Automobil gekauft hatte, ließ ihn die Fahrzeugtechnik nicht mehr los. Die Konstruktion eigener Prototypen bestärkte ihn, sich ausschließlich auf die gegenüber dem Personenwagen noch wenig entwickelte Nutzfahrzeugtechnik zu konzentrieren. 1903 richtete er in einem ehemaligen Wäschereigebäude in der Braunschweiger Elmstraße mit ein paar Mitarbeitern seine »Motorlastwagenfabrik« ein.
Es gelang ihm bald, seine Lastwagen und Omnibusse in Hauben- und Frontlenkerbauart im In- und Ausland zu verkaufen. Eigene Transportunternehmen verbreiteten den exzellenten Ruf der Marke Büssing.
Heinrich Büssing kümmerte sich nicht nur als sorgfältig abwägender Geschäftsmann um die Entwicklung des Unternehmens, sondern auch um den technischen Fortschritt seiner Erzeugnisse. 1907 gelang es ihm gemeinsam mit der Continental-Reifenfabrik, den luftgefüllten »Hohlreifen für hohe Drücke« zu entwickeln, der die Fahrqualität der Nutzfahrzeuge verbesserte. 1916 ernannte ihn der Braunschweiger Herzog zum Geheimen Baurat. 1920 erhielt Heinrich Büssing die Ehrendoktorwürde der TH Braunschweig.
Während des Ersten Weltkrieges profilierte er das Unternehmen auf die Fertigung der Subventionslastwagen und Spezialfahrzeuge. Die Entwicklung des seinerzeit weltweit revolutionär wirkenden »Sechsradwagens«, die Einführung des Sechszylindermotors sowie die Entwicklungsarbeiten zum Sechszylinder-Dieselmotor nach dem gesteuerten Vor-

Preußischer Subventions-Lastzug um 1913.

Erster Büssing-Dreiachser Typ VIGL.

kammerverfahren machten das Unternehmen überlebensfähig in der sich anbahnenden Weltwirtschaftskrise. 1929 starb Heinrich Büssing als Vorsitzender des Aufsichtsrats, schließlich auch Inhaber von über 90 Patenten.
An der Entwicklung der modernen Dieselmotorentechnik war Paul Arendt (1893–1968) führend beteiligt. Sein Debüt war 1931/32 die Konstruktionspalette der Selbstzünder mit 3, 4, 5 und 6 Zylindern mit einheitlichen Maßen. Seine Meisterleistung war ab 1934 dann die Entwicklung des Unterflurdieselmotors, der nach dem Zweiten Weltkrieg dem Büssing-Werk das Profil als Unterflurmotor-Spezialist gab.
Die in Bedrängnis geratene Nationale Automobil AG (NAG) ging 1931 eine Arbeitsgemeinschaft mit Büssing ein. Die Vereinigten Nutzkraftwagenwerke Büssing NAG AG konnten damit einerseits ein komplettes Programm an Leicht- und Schnellastwagen aus dem Programm der NAG-Tochter Dux, andererseits das gut eingeführte Büssing-Programm an mittleren und schweren Nutzfahrzeugen anbieten. Dazu standen jetzt weitere Werke in Berlin-Oberschöneweide und in Leipzig-Wahren zur Verfügung.
Nach dem Verlust der Werke im Osten war nach 1945 nur noch das Werk Braunschweig verblieben. Nach dem Niedergang des Borgward-Werkes gelangte ein Teil des Bremen-Osterholzer Werkes an das Braunschweiger Unternehmen; von 1961 bis 1963 fertigte ein neuerrichtetes Zweigwerk in Emden Büssing-Getriebe.
Wirtschaftliche Schwierigkeiten des Unternehmens Ende der fünfziger Jahre führten zur Zusammenarbeit mit den LHB (Linke-Hofmann-Busch) Waggon-Fahrzeug-Maschinenfabriken GmbH in Salzgitter und damit zum Neuaufbau eines modern konzipierten Werkes in Salzgitter-Watenstedt. Mitte der sechziger Jahre gab Büssing das Stammwerk sukzessive auf. Nachdem die Muttergesellschaft Salzgitter AG 1968 die Aktienanteile fast komplett erworben hatte, gab sie diese an die MAN-Werke ab, so daß Ende 1971 das Werk vollständig in den Besitz des Münchener Nutzfahrzeugherstellers geriet, und die Eigenständigkeit Büssings endete.
Zahlreiche innovative Spitzenleistungen hat Büssing auf den Markt gebacht, aber es gab auch wirtschaftliche Fehlschläge

Büssing 5000 S von 1948, der sogenannte »Wiederaufbauhelfer«.

Büssing 12000 TU Sechsradwagen von 1951.

wie die Entwicklung des Allrad-Burglöwen »Universal« als Konkurrenzmodell zum Mercedes-Unimog im Jahre 1963 oder die des Decklasters »Supercargo«. Bei diesem extrem niedrig konstruierten Modell sollte die gesamte Fahrzeuglänge für ein standardisiertes Transportsystem genutzt werden. Ein Programm im fehlenden Schnellastwagenbereich versuchte Büssing 1964 – leider ohne Erfolg – mit dem Vertrieb der italienischen OM-Transporter aufzubauen. Neuen Schwung brachten die ab 1965 eingeführten Fahrerhäuser des Designers Louis L. Lepoix in die Büssing-Angebotspalette. Vom gut durchdachten »Stadtwagen« mit tiefliegendem Fahrerhaus über die Standard-Nah- und Fernverkehrslaster reichte das Programm bis zur neuartigen Frontlenker-Zugmaschine mit zweiter gelenkter Achse und vor der Vorderachse liegendem Motor. Ebenso sollte ein Dreiachser-Frontlenker mit vornliegendem Unterflurmotor die kostspielig gewordene zweite Baureihe, die Haubenfahrzeuge für den Baustelleneinsatz endgültig ablösen. Auch diese erfolglose Entwicklung zehrte an der Substanz der Firma.
Die Büssing-Motorentechnik, die nach dem Krieg nur noch den stehenden und liegenden Sechszylinder-Dieselmotor favorisierte, ging 1967 zum modernen, wirtschaftlicheren Direkteinspritzverfahren über. Der Motoreningenieur Dr. Franz Zahren führte hier 1969 die Turboladertechnik (erneut nach dem Bau von aufgeladenen Schienenbus-Motoren) ein, so daß Büssing als erster deutscher Hersteller einen 310, später sogar 320 PS starken Motor anbieten konnte, mit dem der 38-Tonnen-Zug mit 8 PS pro Tonne ausgestattet werden konnte.

LS 11 AK Commodore der Autobahnmeisterei Nürnberg, 1962.

Die MAN als neuer Eigentümer setzte 1971das Unterflurmotor-Fahrzeugprogramm fort. Die Dreiachs-Zugmaschine, die fortschrittliche Direkteinspritztechnik und der zum Schluß wieder aktuelle Fünfzylinder-Diesel stellten das Besondere des MAN-Büssing-Programm dar. 1979 fiel der Zusatz Büssing fort, seither erinnert nur mehr der Büssing-Löwe als Markenzeichen für das gesamte MAN-Fahrzeugprogramm an das Braunschweiger Unternehmen.

Büssing-Sattelschlepper BS 20 S2 von 1969.

Klassische Säulen und Jugendstil-Elemente umrahmen den Büssing-Brauereilaster von 1913. Auszeichnungen werben für die Qualität der Fahrzeuge.

In Südamerika wie im zaristischen Rußland besaß das Büssing-Werk Vertretungen.

Absolut überzeugender Vergleich: dem 35-PS-Büssing stehen 21 Fellachen des Pharao Ramses II. gegenüber.

Kurz vor Ausbruch des Ersten Weltkrieges warb Büssing mit dem »staatlich subventionierten Lastwagen«. Der Zuschuß verpflichtete den Besitzer, den Wagen stets fahrbereit zu halten und ihn im Kriegsfall an die Verkehrstruppen abzugeben.

»Führende Büssing-Speziallastwagen für den Möbeltransport« stellt die Graphik Ende der 30er Jahre heraus. Die Seitenflächen der elastik- oder ballonbereiften Fahrzeuge boten eine gute Werbefläche.

Büssing-NAG versah 1932 die Typen 150 und 200 mit einem Baukasten-Dreizylinder-Dieselmotor »mit Vorkammer und einem patentierten Schußkanal«. 45 Pferdestärken mußten 4,3 Tonnen Gesamtgewicht bewegen.

Die von der NAG eingebrachten Leicht-Lastwagen besaßen einen »sparsamen und robusten Vierzylinder-Hochleistungsmotor mit hängend im Zylinderkopf angeordneten Ventilen.«

Mit Einzelbereifung wurde der 45 PS starke 1,5-Tonner auf die Straße gelassen.

Die vollkommene Ausrüstung

umfaßt elektrische Armwinker, Scheibenwischer, Geschwindigkeitsmesser mit Kilometerzähler, Rückblickspiegel, Nummernschilder, Wagenheber, Handluftpumpe, Werkzeug und Zubehör. — Zur elektrischen Ausrüstung gehören: Spannungsregulierende 12 Volt Lichtmaschine und Anlasseranlage, Fabrikat Bosch, zwei Hauptscheinwerfer mit Bilux-Zweifadenlampen zum Abblenden, Schlußlampe als Nummernschildbeleuchtung, 60 Ampère-Batterie, Signalhorn, Schaltbrett-Beleuchtung, Handlampe mit Steckkontakt.

133

BÜSSING-NAG Vereinigte Nutzkraftwagen Aktiengesellschaft **BRAUNSCHWEIG**

BUCHDRUCKEREI JULIUS KRAMPE · BRAUNSCHWEIG

Die serienmäßige Ausstattung des Leicht-Lastwagens war äußerst umfangreich.

Der Graphiker plazierte den Typ 350 vor eine Hafenszene mit Pferdewagen und klapprigem Drückkarren. Eine 7-Liter-Maybach-Sechszylinder-Vergasermaschine mit 70/80 PS motorisierte den Laster; der eigene Motorenbau konzentrierte sich bei Büssing auf Dieselantriebe.

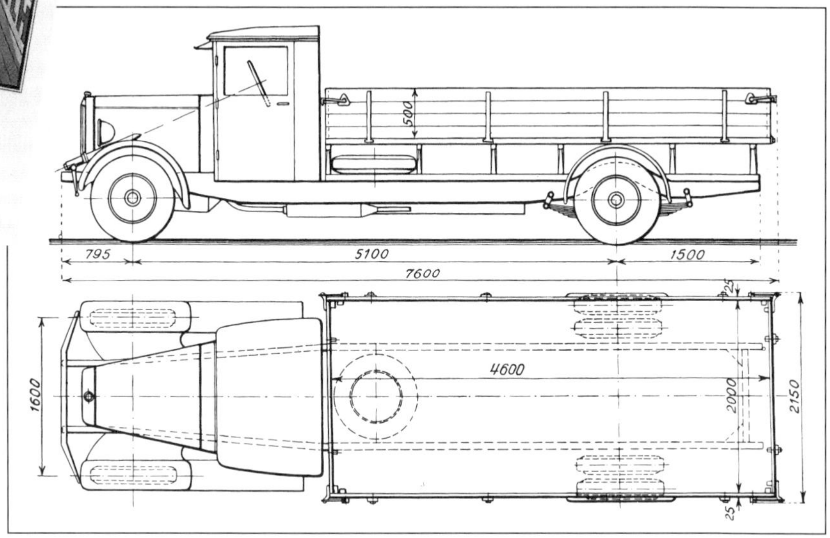

Abmessungen des 5-Tonners von 1933.

BOHRISCH BRAUEREI AKTIENGESELLSCHAFT STETTIN

Stettin, den 8. Februar 1932

BÜSSING-Lastkraftwagen die allerbesten Erfahrungen gemacht haben

BÜSSING-Wagen doch die überragende Qualität ist

Wir bestätigen den Empfang Ihrer Anfrage vom 4. d. M. und teilen Ihnen höflich mit, daß wir mit den BÜSSING-Lastkraftwagen die allerbesten Erfahrungen gemacht haben. Es gibt sicher auch andere gute Wagen, aber wir haben immer wieder gefunden, daß der BÜSSING-Wagen doch die überragende Qualität ist.
BÜSSING baut seit Bestehen der Firma schwere Lastwagen und hat vielleicht dadurch auch ganz besonders für die für die einzelnen Teile zu verwendenden Stahlqualitäten die größten Erfahrungen.
Wir versorgen unseren gesamten Provinzbetrieb mit Dreiachser-Lastkraftwagen. Diese Dreiachser verbrauchen nicht mehr Benzin als die Zweiachser. Man hat auch zwei Leute drauf, aber sie schaffen 170 gegen 100 Ztr., fahren also gegenüber 5-t-Zweiachser-Wagen 70 Ztr. bei jeder Fahrt umsonst mit. Genau so verhält es sich mit den Anhängern. Wir fahren Anhänger mit 150 Ztr., auch dann braucht der 8½-t-Dreiachser nicht mehr als der 5-t-Wagen mit 100-Ztr.-Anhänger.

BÜSSING - Rohölmotor von allen für Lastkraftwagen verwandten Rohölmotoren am ruhigsten und leisesten

Die Ersparnis gegen Benzin ist aber ganz kolossal

Seit einem Monat haben wir einen neuen Dreiachser mit Rohölmotor, und soweit wir bisher haben feststellen können, sind wir außerordentlich zufrieden. Der Unterzeichnete hatte schon auf der Ausstellung in Berlin festgestellt, daß der BÜSSING-Rohölmotor von allen für Lastkraftwagen verwandten Rohölmotoren am ruhigsten und leisesten ging.
Bei Last ist dieser Rohölmotor von einem Benzinmotor gar nicht zu unterscheiden, die Ersparnis gegen Benzin ist aber ganz kolossal. Da dieser Wagen einen Schnellgang hat, ist diese Ersparnis um so größer. Ohne Anhänger kann man, wenn man kein bergiges Terrain hat, immer mit Schnellgang fahren, der Wagen läuft dann 50 km.
Wir verbrauchen z. B. bei 180 Ztr. Nutzlast für eine Strecke von 280 km in größtenteils bergigem Gelände auf 100 km 32 Liter Rohöl à 13.30 Pf., mit Anhänger benötigen wir bei 330 Ztr. Nutzlast auf derselben Strecke durch das bergige Gelände 40 Liter. Der Wagen gebraucht für die 280 km genau 7 Stunden Fahrzeit, hat also eine Durchschnittsgeschwindigkeit von 40 km/Std. erreicht.
Wir glauben, Ihnen deshalb das BÜSSING-Fabrikat, insbesondere auch mit Rohölmotor und Schnellgang empfehlen zu können.

Hochachtungsvoll

Bohrisch Brauerei A.-G.
gez. H. Bohrisch

VIEWEG A.G. BRAUNSCHWEIG

Büssing-Sechsradwagen erreichten zeitweilig einen Marktanteil von fast 90 Prozent. Auch die Bohrisch-Brauerei AG in Stettin setzte die 8,5-Tonner mit sparsamen Büssing-Diesel ein, der »am ruhigsten und leisesten unter den verwandten Rohölmotoren« lief.

Der BÜSSING-NAG Achtzylindermotor

Für 3½-Tonnen-Lastkraftwagen, an deren Leistung und Geschwindigkeit besonders hohe Anforderungen gestellt werden, ist der BÜSSING-NAG Achtzylindermotor Typ L 8 V mit einer Kraftentfaltung von 100 PS der richtige Motor. Die V-förmige Zylinderanordnung ergibt eine gedrungene und übersichtliche Bauart; der Lauf ist ruhig und ausgeglichen.
Zur Verwendung für mittelstarke Schnellverkehr-Omnibusse kann durch Erhöhung der Umlaufgeschwindigkeit gegenüber der Normalausführung die Leistung des BÜSSING-NAG Achtzylindermotors auf 155 PS gesteigert werden. In dieser Ausführung gibt er dem Fahrzeug nicht nur eine sehr hohe Spitzengeschwindigkeit, sondern – durch seine Elastizität, seine Bergfreudigkeit und sein außergewöhnliches Beschleunigungsvermögen – sind mittlere Reisegeschwindigkeiten bis zu 100 km/Std. auch in bergigem Gelände über lange Strecken ohne Überanstrengung der Maschine erreichbar.

Aus dem NAG-Erbe stammte der Vergaser-Leichtmetall-V8-Motor mit 100 oder 160 PS. Für Fahrzeuge, »an deren Leistungsfähigkeit und Geschwindigkeit besonders hohe Anforderungen gestellt werden,« bot Büssing-NAG diesen Motor an; auch die Reichswehr und das schwedische Militär interessierten sich für ihn.

Mit dem wirtschaftlichen Dieselmotor rüstete Büssing-NAG den Laster für 2,6 und 2,85 Tonnen Nutzlast aus. Ein elektrisch betriebener Scheibenwischer vor der austellbaren Scheibe sorgte für freie Sicht bei Regen.

Vom 5- bis zum 10-Tonner reichte das 1937er Programm der schweren Diesel-Büssing-Lastwagen, nur auf Sonderwunsch wurden noch Vergasermotoren eingebaut.

1936 führte Büssing-NAG das von dem Kunstmaler Neumann-Neander entworfene verchromte Ziergitter (Büssing-Spinne) als neues Gesicht am Kühler ein, das bis zum Ende ein unverwechselbares Markenzeichen blieb. Hier der Leichtlastwagen mit Dreizylinder-Diesel.

Der Absatz von Sonderfahrzeugen für den kommunalen Bereich bildete ein sicheres Standbein für das Unternehmen. Die Sprengwagen erhielten vorsorglich für den Kriegsfall eine Feuerlöschvorrichtung.

Mit der Ausführung der Aufbauten für alle BÜSSING-NAG Sonderfahrzeuge, die für den Kommunaldienst bestimmt sind, werden leistungsfähige Spezialfabriken betraut, die über umfassende Erfahrungen auf diesem Gebiet verfügen. Das BÜSSING-NAG Programm, welches in lückenloser Typenreihe Fahrgestelle aller Leistungsklassen von 2200 bis 11 000 kg Tragfähigkeit umfaßt, bietet die Möglichkeit der Auswahl des richtigen und bestgeeigneten Fahrzeugtyps für jede Verwendung. So liegt die Stärke der BÜSSING-NAG Werke gerade in der Fähigkeit der genauen Anpassung ihrer Fahrzeuge in Leistung, Größe und Tragfähigkeit an die mannigfachen Anforderungen, die der Kommunalbetrieb an seine Kraftwagen stellt.

(Oben.) Sinkkasten-Reinigungswagen auf BÜSSING-NAG Fahrgestell Typ 375

(Mitte.) Sprengwagen mit angebauter Gummi-Waschwalze auf BÜSSING-NAG Fahrgestell Typ 650 • Sprengwagen mit Straßenkehrwalze auf BÜSSING-NAG Fahrgestell Typ 375

(Unten.) BÜSSING-NAG Großraum-Müllwagen mit Kippvorrichtung auf Fahrgestell Typ 900 (Fassungsvermögen 12 cbm)

Mannschafts-, Geräte- und Spritzenwagen sollten den Weg in das Feuerwehrfahrzeug-Geschäft ebnen. Benziner mit 45 und 65 PS sowie Diesel mit 48 bis 145 PS standen zur Verfügung.

Das BÜSSING-NAG Fahrgestell Typ 400

Eine kraftvolle, leistungsfähige und in harter Arbeit tausendfach bewährte Maschinenanlage in einem bis in die letzte Einzelheit robust und solide durchgebildeten Fahrgestell von klarer, einfacher und übersichtlicher Bauart — das ist der BÜSSING-NAG 4-Tonner, ein treuer, zuverlässiger und genügsamer Mitarbeiter für alle Betriebe, die hohe Anforderungen an die wirtschaftliche Leistung, die Zuverlässigkeit und die Lebensdauer ihres Transportgeräts stellen. In seiner Konstruktion sind die Erfahrungen von 3½ Jahrzehnten im Bau hochwertiger Nutzkraftwagen mit den Ergebnissen einer planmäßigen und organischen Entwicklungsarbeit in der neuzeitlichen Dieselmotoren- und Fahrzeugtechnik zusammengefaßt. Die langen, ungekröpften, fischbauchförmigen Rahmenhauptträger bilden zusammen mit den verschiedenen Querversteifungen ein Tragwerk, dessen Stabilität trotz des geringen Gewichts außerordentlich hoch ist. Der Motor, mit der Kupplung und dem Getriebe zu einer Einheit zusammengefaßt, ruht in drei Punkten auf Gummipolstern im Rahmen, so daß eine Übertragung von Erschütterungen auf den Wagen unmöglich ist. Die Kupplung — es ist eine trocken arbeitende Zweischeiben-Kupplung — gewährleistet durch ihre großen Angriffsflächen ein vollkommen stoßfreies und weiches Anfahren auch mit Anhänger und bei voller Belastung; sie ist gut zugänglich und leicht nachstellbar, bedarf aber sonst keiner besonderen Pflege, und hat eine außerordentlich hohe Lebensdauer. Das Stirnrad-Getriebe hat vier Vorwärtsgänge, deren Übersetzungen im Verein mit der Hinterachsübersetzung so gewählt sind, daß man bei allen Straßenverhältnissen die Leistung der Maschine wirtschaftlich ausnutzen kann. Die Zahnflanken der aus hochwertigem Spezialstahl gefertigten Wechselräder sind zur Erzielung eines ruhigen Laufs geschliffen; die Wellen laufen in Kugel- und Rollenlagern. Auf Wunsch und gegen Sonderberechnung kann der Typ 400 mit einem Fünfgang-Getriebe ausgerüstet werden, dessen fünfter Gang als Schnell- oder Schongang anzusehen ist. Auch für die Möglichkeit zum Einbau eines Nebentrieb-Vorgeleges zum Antrieb maschinell betätigter Kippvorrichtungen, Pumpen, Krane usw. ist gesorgt.
Über eine mit zwei Gelenken versehene Welle und eine weitere, im Schubrohr laufende Welle, nimmt die Kraftübertragung ihren Weg zur Hinterachse. Der ruhige Lauf und der denkbar geringe Kraftverlust im Hinterachsgetriebe sind auf die spiralverzahnte Ausführung der Antriebsräder und auf die vielfältige Verwendung von Wälzlagern zurückzuführen. Die Antriebswellen zu den Laufrädern sind schwimmend gelagert und erfahren keine Beanspruchung durch das Fahrzeuggewicht, denn die aus hochwertigem Stahl hergestellte banjoförmige Hinterachsbrücke dient als Tragachse und überträgt das Gewicht von Wagen und Ladegut unmittelbar auf die in Kegelrollenlagern geführten Laufräder. Wenn die besonderen Arbeitsbedingungen des Fahrzeugs es erforderlich machen, kann an Stelle der Hinterachse mit einfacher Kegelrad-Übersetzung eine doppelt übersetzte Hinterachse gegen besondere Berechnung eingebaut werden.
Ein für die BÜSSING-NAG Nutzkraftwagen aller Leistungsklassen typisches Qualitätsmerkmal ist die Übertragung aller während der Fahrt, beim Anfahren und Bremsen auftretenden Kräfte über das Schubrohr und die Druckkugel unmittelbar auf den Rahmen. Zwei kräftige Diagonalstreben, die zusammen mit der Hinterachsbrücke ein starres Dreieck bilden, sorgen dafür, daß die Hinterräder stets »spuren«. Diese Anordnung ermöglicht die

Im modernen Design mit Büssing-Spinne und mit glattem, ungekröpften Rahmen bot Büssing-NAG das 4-Tonnen-Fahrgestell an, das mit verschiedenen Aufbauten versehen werden konnte.

VEREINIGTE NUTZKRAFTWAGEN AKTIENGESELLSCHAFT BRAUNSCHWEIG

Typ 900 mit Diesel-Motor G D 6

Technische Einzelheiten des Fahrgestells:

Motor	6 Zylinder je 3 im Block	Anzahl der Gänge	4 Vorwärts-, 1 Rückwärts-, auf Wunsch m. Schnellgang
Bohrung	130 mm		
Hub	170 mm	Schalthebel	Kugelschaltung in der Mitte angeordnet
Hubvolumen	13,5 Ltr.		
Drehzahl	1500/1600 Umdr./Min.	Kraftübertragung	durch Zwischenwelle
Leistung	135/145 PS	Schubübertragung	durch Schubrohr und Schubkugel
Ventile	von oben gesteuert		
Ventilsteuerung	durch Stangen und Kipphebel	Vorderachse	Faustachse, Doppel-T-Profil
Einspritzung	durch Bosch-Brennstoffpumpe	Lenkung	Schneckenlenkung, linksseitig
Schmierung	Druckumlauf durch Pumpe mit großem, leicht auszubauendem Ölreiniger	Lenkradius	10,7 m/11,4 m/12,1 m/12,8 m/13,5 m
		Rahmen	Hochrahmen a. gepreßtem Stahlblech, Spezial-Profil
Kolben	Leichtmetall	Federung	kräftige lange Halbelliptikfedern vorn und hinten
Wasserumlauf	durch Zentrifugalpumpe		
Kühler	6 auswechselbare Hochleistungselemente	Sechsradbremse	Druckluftsystem KNORR
		2 Handbremsen, auf je 1 Hinterachse	
Zylinderkopf	abnehmbar		
Drehzahlregler	zweistufig, Zentrifugalsystem	Hinterachse	doppelt untersetzt, völlig entlastete Achswellen
Luftreiniger	2 große Luftfilter	Räder	+GF+ Simplex-Stahlgußspeichenräder mit abnehmbaren Felgen
Brennstoffreiniger	Feinfilter		
Brennstoffzufuhr	automatisch durch Brennstoffpumpe	Bereifung	Riesenluftreifen, einfach 12,75/13,50—20 extra
Brennstoffbehälter	rechtsseitlich, Inh. 200 Ltr.		
Mittl. Brennstoffverbrauch pro 100 km	etwa 38 kg, auf ebener, trockener Straße und mit normaler Belastung		
Mittl. Ölverbrauch pro 100 km	etwa 1 kg		
Kupplung	Zweischeibenkupplung		
Getriebe	vom Motor getrennt angeordnet		

	mit Schnellgang km/Std.	mit Schnellgang km/Std.	ohne Schnellgang km/Std.
Fahrgeschwindigkeiten	50	45	40
Steigfähigkeit ohne Anhänger	31 %	34 %	21 %
Steigfähigkeit mit 7,5-t-Anhänger	19,5 %	21 %	13 %
Steigfähigkeit mit 10-t-Anhänger	17 %	19 %	11 %

Ausrüstung und Zubehör des Fahrgestells:

Bosch-Licht- und Anlasseranlage 12/24 Volt, für Lastwagen 300 Watt Lichtmaschine
Beleuchtetes Instrumentenbrett
Elektrisches Horn
Kühlerthermometer
Nummernschilder
Kilometerzähler
Achttageuhr
Reservefelge ohne Reifen
Wagenheber
Kompressor-Anschluß zum Aufpumpen der Bereifung
Werkzeug, Zubehör und Ersatzteile
Anhängevorrichtung

Ausrüstung des Führerhauses:

Elektrischer Scheibenwischer
Fahrtrichtungsanzeiger
Rückblickspiegel

Topmodell der Vorkriegszeit war der Haubenlaster der Baureihe 900. Das Typenblatt stellt den 13,5-Liter-Motor mit 145 PS vor. Gemäß Schell-Programm sollte der Typ unter der Bezeichnung 9000 laufen. Auch ein Frontlenker als Typ 900 G war in Vorbereitung.

BÜSSING-NAG »Burglöwe«

BÜSSING-NAG

Der »Burglöwe«, der von nun an den Kühler der BÜSSING-NAG Benzin-Leichtlastwagen zieren wird, ist das alte Zeichen, unter dem sich Büssing-Lastwagen und -Omnibusse ihren Weltruf erkämpft haben. Mit dem Namen »Burglöwe« und dem Wappen am Kühler werden auch diese Leichtlastwagen zu Trägern der stolzen Büssing-Überlieferung. Die »Burglöwen« sind keine Neukonstruktionen, die erst noch das Vertrauen der Wirtschaft erringen müssen, sondern es sind die altbewährten BÜSSING-NAG Benzin-Leichtlastwagen, wie sie seit Jahren im Dienst bei Tausenden von zufriedenen Besitzern treu und zuverlässig ihre Pflicht tun, in organischer Entwicklung konstruktiv ausgereift, und in einem neuen, dem Geschmack unserer Zeit entsprechenden Gewande. Die »Burglöwen« sind Nutzkraftwagen im besten Sinne des Wortes, so wie die Praxis sie verlangt, echte BÜSSING-NAG Wagen mit allen BÜSSING-NAG Qualitätsmerkmalen. Die Typenreihe der »Burglöwen« umfaßt drei Leistungsklassen: den 1½-Tonner, den 2-Tonner und den 2½-Tonner, der auch mit langem Niederrahmen als Omnibusfahrgestell gebaut wird. Gemeinsam sind allen drei Leistungsklassen die Sparsamkeit des Motors, die unbedingte Zuverlässigkeit, die hohe Lebensdauer und der bemerkenswert niedrige Anschaffungspreis.

Die leichte Dieselreihe

In planvoller Aufbauarbeit ist die Reihe der leichten BÜSSING-NAG Diesellastwagen von Jahr zu Jahr ergänzt worden. Mit der Einführung des 80-PS-Fünfzylinder-Dieselmotors im vergangenen Jahr hat diese Entwicklung ihren Abschluß gefunden, und die letzte Lücke in der Reihe ist geschlossen. Für jeden Betrieb und für die Erfüllung aller Anforderungen bietet BÜSSING-NAG heute die richtige Leistungsklasse, bei der Betriebskostenaufwand, Motorleistung und Tragfähigkeit in einem gesunden Verhältnis zueinander stehen, bei der also die Voraussetzungen für wirtschaftliches Arbeiten im Dauerbetrieb erfüllt sind.

Ein komplettes Programm vom 1,5- bis zum 3-Tonner bot Büssing unter der Bezeichnung »Burglöwe« aus den Fertigungsstätten in Braunschweig, Berlin-Oberschöneweide und Leipzig an. Drei-, Vier- und Fünfzylinder-Diesel arbeiteten hinter den Kühlermasken.

BÜSSING-NAG »Trambus«

Nach jahrelanger Versuchsarbeit ist nun auch der BÜSSING-NAG Trambus reif geworden zur Herstellung in großen Serien. Im Vergleich zum Omnibus der bisher üblichen Bauart weist der BÜSSING-NAG Trambus eine ganze Reihe von Vorzügen auf: der Fahrer hat von dem weit nach vorn gerückten Führersitz aus einen ausgezeichneten und unbehinderten Ausblick auf die Fahrbahn; die Trambus-Bauart erlaubt eine viel bessere Ausnutzung der Gesamtlänge des Fahrzeugs für die bequeme Unterbringung einer größeren Zahl von Fahrgästen, eine bessere Gewichtsverteilung und endlich eine schönere und zweckmäßigere Formgebung.

BÜSSING-NAG Schwerlastwagen

Neben den seit Jahrzehnten bewährten und in organischer Entwicklung bis zu seiner heutigen Stufe der Vollkommenheit ausgereiften BÜSSING-NAG Diesel-Schwerlastwagen tritt im Programm 1936 der BÜSSING-NAG Schwerlastwagen mit Allradantrieb, ein Fahrzeugtyp, dem seine hervorragenden Betriebseigenschaften eine überragende Bedeutung für die kommende Entwicklung des Verkehrs mit Großlastwagen sichern. Hinsichtlich seiner Verkehrssicherheit und seiner Leistung wird der BÜSSING-NAG Lastwagen mit Allradantrieb nur noch durch den altbewährten BÜSSING-NAG Sechsradwagen mit zwei angetriebenen Hinterachsen übertroffen.

BÜSSING-NAG Dreiachser

Unter den revolutionären stromlinienförmigen Trambus setze die Graphik den zwei- oder dreiachsigen Schwerlastwagen. Der Allrad-Zweiachser bildete als »Hundertfünfer« das Kriegsprogramm.

Aufwendige Technik mit Allradantrieb im Büssing-NAG von 1936. Über Doppelgelenke konnte das Drehmoment auf die Lenkachse übertragen werden. Der »Voll-Adhäsions-Wagen« war für das Bau- und Forstgewerbe gedacht. Die Wehrmacht fand ebenfalls Gefallen an diesem geländegängigen Fahrzeug.

Ein BÜSSING-NAG Dreiachser mit Meiller-Kipper-Aufbau; rückwärts gekippte Ladebrücke

Öl von der Ölpumpe aus dem Behälter (7) durch die Rohrleitung (8) in die hydraulische Presse (9) gedrückt; aus dieser tritt dann unter dem wachsenden Öldruck der Teleskopkolben heraus und bringt die Ladebrücke in die gewünschte Schrägstellung. Bei Erreichung des gewünschten steilsten Kippwinkels treten durch die Schiefstellung der Press (9) die Kugelfußventile (10) selbsttätig in Wirksamkeit und lassen das Öl beim Weiterarbeiten der Pumpe in den Behälter zurückfließen. Zum Senken der Ladebrücke öffnet man das Rücklaufventil (4) durch Drehen des Handrades (3) entgegen der Pfeilrichtung, so daß das Öl aus der Presse von selbst in den Behälter zurückfließt. Durch Öffnen und Schließen des Handrades kann man die Kippbrücke in jeder beliebten Stellung feststehen lassen, senken oder heben. Eine Füllung des Ölbehälters (Spezialöl) genügt für jahrelangen Betrieb.

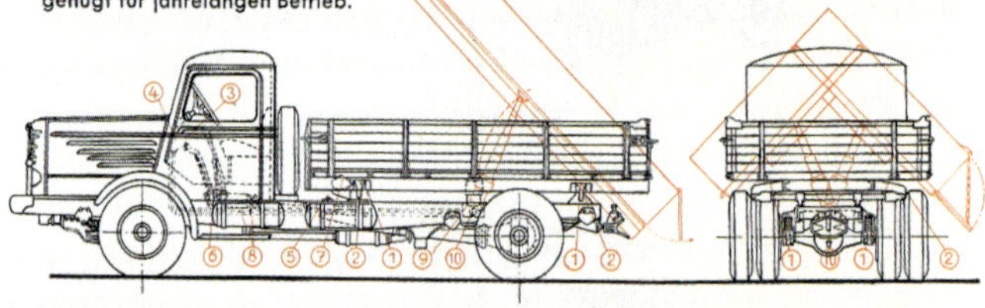

Ein BÜSSING-NAG Dreiachser mit Meiller-Kipper-Aufbau; Seitwärts-Kippstellung

Mit alter Motorhaube (seitliche Lüftungsklappen und geteilte Kühlermaske) erschien der Büssing-NAG-Kipper mit einem motorhydraulisch betätigten Meiller-Aufbau. Als Schwerlaster besaßen die Typen 375, 550, 650, 654 (Allradantrieb) und 900 diese Technik.

Der Büssing-Eilschlepper konnte mit kurzem oder verlängertem Fahrgestell auch als Pritschenwagen, als Kipper und als Langmaterial-Transporter (mit Anhänger) ausgestattet werden. Das damals weit verbreitete Rautenband stellte die Abziehbilder-Fabrik August Jüttner in Saalfeld/Saale her.

Kleinster Büssing-NAG war der Typ 150 mit 45-PS-NAG-Motor. Der Graphiker Herrmann präsentierte den Kastenwagen vor mittelalterlicher Kulisse. Fleischergesellen mit Stiefeln und Hygienekleidung befüllten den mit gewaltigen Rädern dargestellten Wagen.

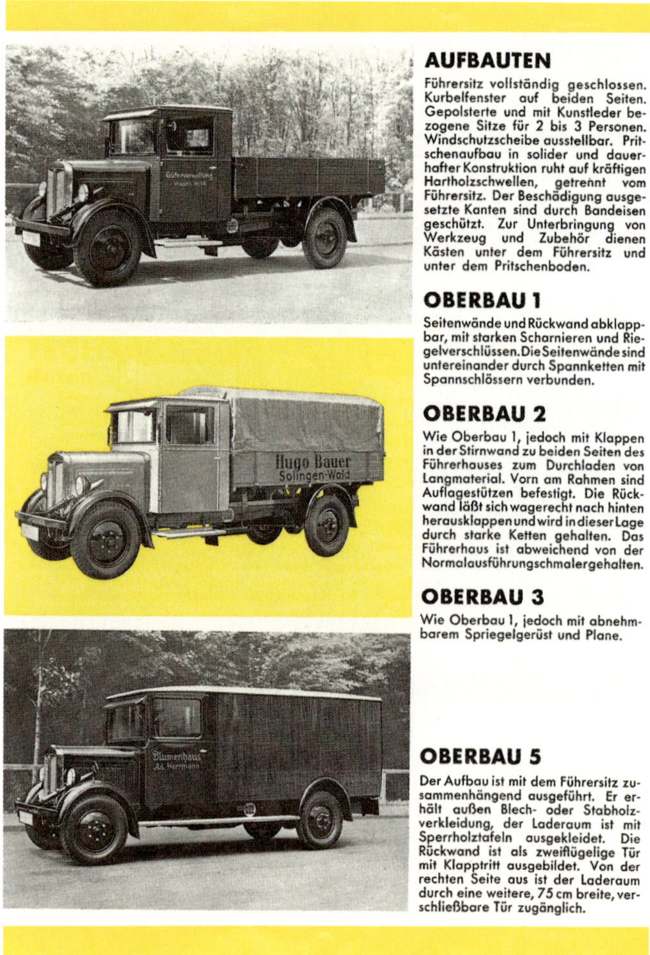

AUFBAUTEN

Führersitz vollständig geschlossen. Kurbelfenster auf beiden Seiten. Gepolsterte und mit Kunstleder bezogene Sitze für 2 bis 3 Personen. Windschutzscheibe ausstellbar. Pritschenaufbau in solider und dauerhafter Konstruktion ruht auf kräftigen Hartholzschwellen, getrennt vom Führersitz. Der Beschädigung ausgesetzte Kanten sind durch Bandeisen geschützt. Zur Unterbringung von Werkzeug und Zubehör dienen Kästen unter dem Führersitz und unter dem Pritschenboden.

OBERBAU 1

Seitenwände und Rückwand abklappbar, mit starken Scharnieren und Riegelverschlüssen. Die Seitenwände sind untereinander durch Spannketten mit Spannschlössern verbunden.

OBERBAU 2

Wie Oberbau 1, jedoch mit Klappen in der Stirnwand zu beiden Seiten des Führerhauses zum Durchladen von Langmaterial. Vorn am Rahmen sind Auflagestützen befestigt. Die Rückwand läßt sich wagerecht nach hinten herausklappen und wird in dieser Lage durch starke Ketten gehalten. Das Führerhaus ist abweichend von der Normalausführung schmaler gehalten.

OBERBAU 3

Wie Oberbau 1, jedoch mit abnehmbarem Spriegelgerüst und Plane.

OBERBAU 5

Der Aufbau ist mit dem Führersitz zusammenhängend ausgeführt. Er erhält außen Blech- oder Stabholzverkleidung, der Laderaum ist mit Sperrholztafeln ausgekleidet. Die Rückwand ist als zweiflügelige Tür mit Klapptritt ausgebildet. Von der rechten Seite aus ist der Laderaum durch eine weitere, 75 cm breite, verschließbare Tür zugänglich.

Den Aufbau nannte man bei Büssing »Oberbau«. Für jeden erdenklichen Zweck bot Büssing-NAG eine Variante an.

Der Burglöwe Typ 20 mit 45-PS-NAG-Motor, hier mit Aufbau 2. In eindrucksvoller Bildtechnik – Farbfotos standen noch nicht zur Verfügung – entwarf der Graphiker Göritz den Prospekt der B-Serie.

In eine harmonische deutsche Natur- und Dorflandschaft plazierte der Graphiker Göritz den Lastzug mit neuem Gesicht, »das das stolze Bewußtsein zum Ausdruck bringt, daß Büssing-NAG-Wagen für die Zukunft gebaut sind«.

Type	Truck chassis with carrying capacity of 6000 kg	6000 kg Tipper	8000 kg	8000 kg Tipper
Output .... HP	95	95	135/145	135/145
Number of cylinders	6	6	6	6
Cylinder volume .... ltr.	7,4	7,4	13,5	13,5
Fuel consumption norm.: miles per gallon .... abt.	12	12	9,1	9,1
Oil consumption norm.: miles per pint .... abt.	35	35	30	30
Wheelbase .... abt. mm	5000	4200	5300	4600
Total length .... abt. mm	7675	6275	8225	7445
Total width .... abt. mm	2350	2350	2500	2500
Turning radius .... abt. mm	8950	7700	9400	9000
Speed: normal	36	36	26	26
Speed: with overdrive	48	48	38	38

All dates, di[illegible]nsions and w[illegible] are given approximately. —

Eindrucksvolle Hafenszene. Aus einem englischsprachigen Prospekt der dreißiger Jahre; Büssing war stark exportorientiert.

Für englische Kunden gestaltete die Werbeabteilung diesen Motoren-Prospekt. In ästhetisch und abgeschlossen wirkendem Aufbau kombinierte der Titel die Drei-, Vier-, Fünf- und Sechszylinder-Aggregate der LD-Baureihe, hinzu kamen die FD- und GD-Versionen.

The working principle of the BÜSSING-NAG Diesel engine:

The fundamental difference between the working principle of the BÜSSING-NAG Diesel engine compared with that of a petrol engine consists in the method of feeding fuel to the engine. Whereas in the latter, with the design and working of which the reader is presumed to be acquainted, the fuel atomised by the suction of the carburetter is drawn into the engine together with air, the BÜSSING-NAG Diesel engine takes in only the amount of air necessary for the combustion process, the fuel on the other hand being injected under pressure from a fuel pump in correctly proportioned quantity and at the right moment into the antechambers of the cylinders. Owing to the pressure prevailing in the antechambers an initial combustion of the fuel atomised during injection takes place, whereby a part of the fuel is turned into gases of increasing tension. The contents of the antechamber then flows at high speed through the so-called charge-canal into the combustion chamber proper where it combines and forms an intimate mixture with an abundant supply of aspirated air. As the pressure and high temperature prevailing in the combustion chamber have already initiated the combustion, extraneous ignition is no longer necessary, and the glow plugs which protrude into the combustion chambers are therefore used only for the first starting of the engine from cold. In all other respects the BÜSSING-NAG Diesel engine works exactly like any other 4 stroke engine.

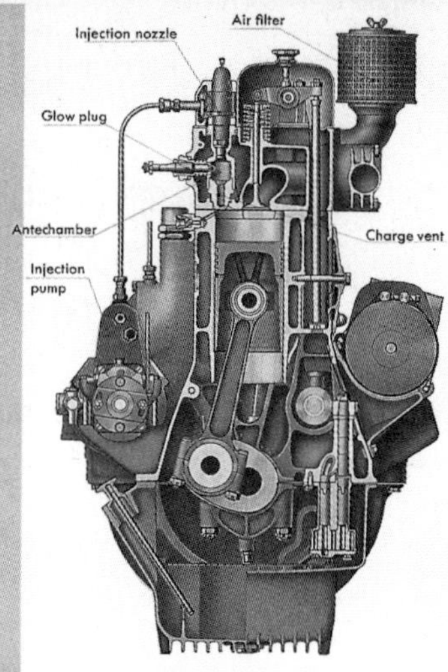

LD 3
40/45 HP

A Diesel engine cannot be economically run unless the quantity of fuel fed and proportioned by the fuel pump to each cylinder is such as can actually be absorbed by the engine. The greater the swept volume of each cylinder, the easier it becomes to proportion the fuel correctly, in other words: unless the requisite minimum swept volume of a cylinder has been provided, satisfactory proportioning of the fuel can no longer be realised. This fact led perforce to the designing of the BÜSSING-NAG 3-cyl. Diesel engine, the cylinders of which have the same swept volume as in the other engines of this series, thus admirably fulfilling the prerequisite conditions for economical working. By introducing this LD 3 type BÜSSING-NAG have placed the proverbial economy of BÜSSING-NAG Diesel engine operation within reach also of the owner of light duty commercial vehicles from 1½ ton upwards.

Type	Output	Cylinders	Stroke	Bore	Volume	Normal engine speed.	Power of Starter
LD 3	40/45 HP	3	130 mm.	110 mm.	3700 ccm.	2000 r. p. m.	2·5 HP

LD 4
60/65 HP

The lightweight BÜSSING-NAG 4-cyl. Diesel engine—the oldest of this series—has proved its mettle during many years' service to thousands of satisfied owners. The features it embodies are characteristic of all BÜSSING-NAG engines: sturdy construction, overhead valves in cylinder head, large cylinder volume and comparatively low engine speeds. The four cylinders form a block with detachable head. The antechambers may be dismantled without removing the cylinder head. The light-alloy pistons have a long skirt to ensure steady piston travel. The crankshaft is carefully balanced and runs on hardened journals in five wide bearings. Developping 60/65 HP at 2000/2200 r. p. m. the BÜSSING-NAG 4-cyl. Diesel engine constitutes a suitable unit for trucks of from 3 to 4 metric tons chassis carrying capacity.

Type	Output	Cylinders	Stroke	Bore	Volume	Normal engine speed	Power of Starter
LD 4	60/65 HP	4	130 mm.	110 mm.	4950 ccm.	2000	4 HP

Details zu den Motoren LD 3 und LD 4.

LD 5

70/75 HP

For commercial vehicles with a chassis carrying capacity between 4 and 5 metric tons BÜSSING-NAG have designed, on the same well-known lines of this series, a 5-cyl. Diesel engine developping 70/75 HP at 2000/2200 r.p.m. As the working of a 5-cyl. engine precludes the coincidence of two dead centers, this engine is particularly smooth and steady running. The crankshaft is carried in six bearings. The five cylinders are cast in one piece, as is also the detachable cylinder head.

Type	Output	Cylinders	Stroke	Bore	Volume	Normal engine speed	Power of Starter
LD 5	70/75 HP	5	130 mm.	110 mm.	6170 ccm.	2000	6 HP

LD 6

85/90 HP

The design of the BÜSSING-NAG 6-cyl. Diesel engine corresponds exactly with that of the other engines of this series. Its crankshaft is carried in seven bearings; the six cylinders are cast in one piece, while the detachable cylinder head is in two parts each covering three cylinders. As in the case of the 5-cyl. engine the LD 6 also carries two air filters. The 6-cyl. engine excels in smooth running and great flexibility in power output. The fuel pump and the injection nozzles fitted to this and all other BÜSSING-NAG Diesel engines are Bosch products.

Type	Output	Cylinders	Stroke	Bore	Volume	Normal engine speed.	Power of Starter
LD 6	85/90 HP	6	130 mm.	110 mm.	7400 ccm.	2000	6 HP

Details zu den Motoren LD 5 und LD 6.

Die Mangelsituation der Autarkiepolitik im Dritten Reich zwang zur Verwendung von Holzgas-Anlagen. Der 4,5-t-Büssing besaß einen auf dieses System umgestellen Sechszylinder mit 70 statt 95 PS.

BÜSSING-NAG 4½-Tonner mit Holzgas-Anlage

Seit Jahren schon haben wir uns damit beschäftigt, die Brauchbarkeit des Holzgas-Betriebes zu steigern. Jetzt ist ein Grad erreicht, der ermöglicht, in der Zeit der Rationierung für flüssige Kraftstoffe eine Lücke voll auszufüllen.

Wenn heute der Holzgas-Betrieb eine Notwendigkeit ist, wird er aber immer eine Sparsamkeit im Treibstoff bedeuten.

Die Ersparnisse an Betriebskosten, die sich bei richtiger Anwendung des Holzgas-Betriebes erzielen lassen, sind bedeutend, wenn man die Holzpreise mit dem der flüssigen Treibstoffe vergleicht und berücksichtigt, daß rund 3 kg Holz = 1,25 Liter Benzin oder 1 Liter Dieselöl entsprechen.

Diesen Ersparnissen steht ein geringer Aufwand für Vorbereitungen, Behandlung und Pflege der Gaserzeuger-Anlage gegenüber.

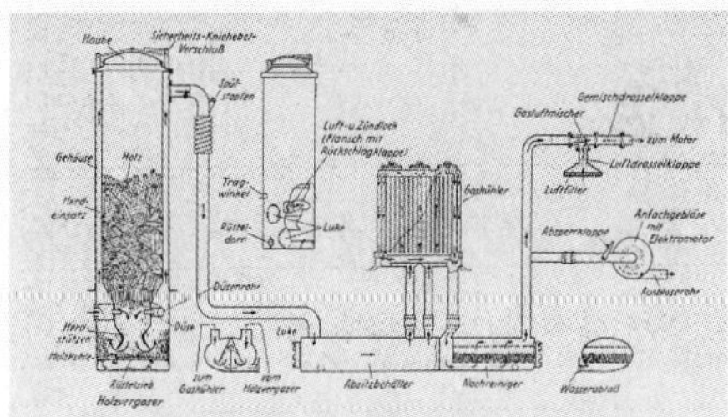

Schema der Holzgas-Anlage

Der Büssing-Schlepper stammte aus dem Erbe der Komnick-Produktion in Elbing. Die Schlepper wurden je nach Einsatzzweck mit Elastik- oder Luftbereifung versehen.

Eine der vielen Verwendungsmöglichkeiten des DIESEL-Schleppers

Nur das Leergewicht des Anhängers wurde besteuert, das machte den Einsatz solcher Fahrzeuge für den Spediteur durchaus interessant.

Für die Ausnutzung der vielen Vorzüge des Sattelschleppers – die Wirtschaftlichkeit und die Größe des Nutzraumes ohne Verzicht auf die Wendigkeit – gibt es durch die Verwendung von Anhängern und Spezial-Aufbauten ungezählte Möglichkeiten. Die obenstehenden Bilder zeigen den BÜSSING-NAG Sattelschlepper als Gardinenwagen und als Möbel-Speditionswagen; das untere Bild zeigt den BÜSSING-NAG Sattelschlepper Typ SS mit 60/65 PS Dieselmotor und das dazu gehörige Fahrgestell als Großraum-Omnibus. Die Anhänger des BÜSSING-NAG Sattelschleppers mit ihren Aufbauten ebenso wie die Sattel-Einrichtung werden von leistungsfähigen Spezialfabriken hergestellt.

Die Anwendungsbereiche für den Schlepper waren vielfältig. Es gab sogar Bus-Auflieger für den Überlandverkehr.

Der frühe Nachkriegstitel zeigt den Trambus und den auch während des Krieges gebauten 5-Tonner, jene beiden Produkte, die Büssing-NAG 1945 anbieten konnte. Der im Krieg tausendfach gebaute Laster, nach seiner PS-Leistung als »Hundertfünfer« bezeichnet, leistete als Wiederaufbauhelfer (jetzt ohne Allradantrieb) wertvolle Dienste.

Stolz kündigte das Typenblatt 1949 den Siebentonner 7000 S mit dem 150-PS-Motor an. Wenig später folgte der Achttonner. Die Lüftungsstreifen der Nachkriegsfahrzeuge liefen jetzt nach hinten verjüngend aus.

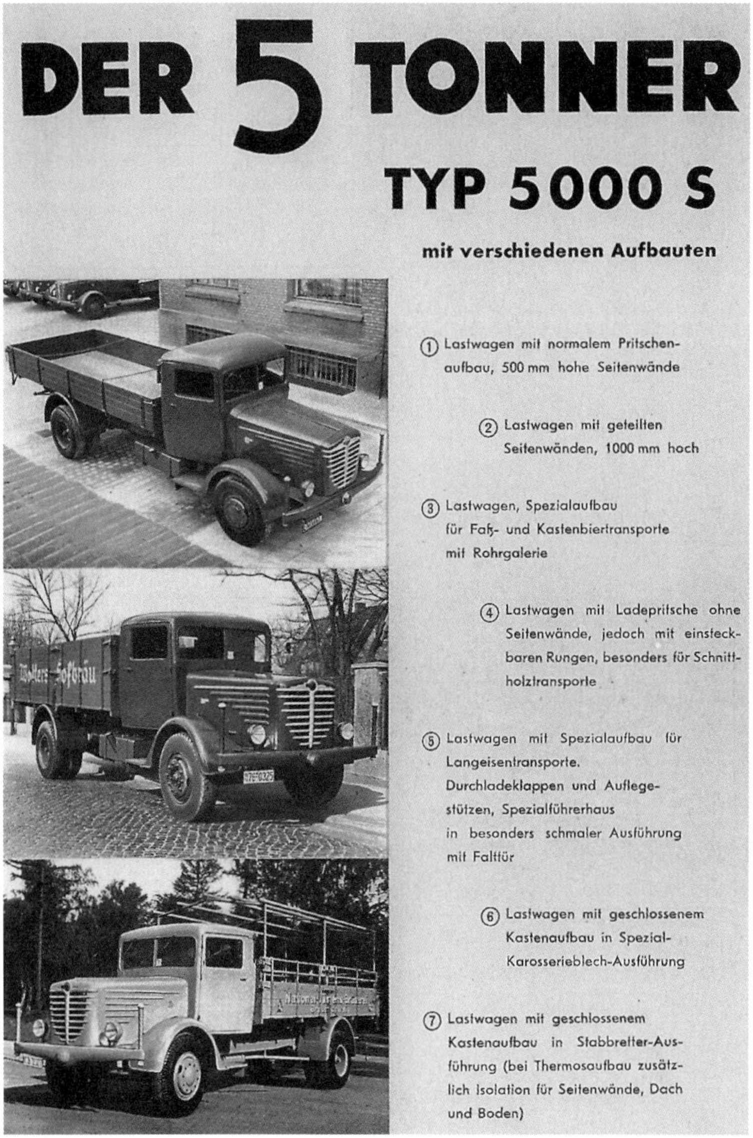

Hier präsentieren sich die 1950er Modelle 5000 S, zugelassen auf die Britische Zone Niedersachsen. Büssing war wieder eigenständig geworden, so daß die Zusatzbezeichnung »NAG« entfiel.

DER BÜSSING-DREIACHS-LASTKRAFTWAGEN MIT UNTERFLURMOTOR

vereinigt die seit den zwanziger Jahren bekannten Vorteile der BÜSSING-Dreiachs-Bauweise
mit den Vorteilen der seit den dreißiger Jahren von BÜSSING entwickelten Unterflur-Bauweise

ERGEBNIS:

1. Ausdehnung der Nutzfläche über die gesamte Wagenlänge (Vergrößerung gegenüber Wagen mit Haubenmotoren rund 20%), dadurch volle Ausnutzung der gesetzlichen Belastungsgrenze auch bei leichtem oder sperrigem Ladegut,
2. unübertrefflich gute Straßenlage, vor allem wertvoll bei Glätte, Schnee und Eis,
3. gleichmäßige Verteilung der Zugkraft auf vier Einzelreifen, daher Schonung der Reifen vor allem bei Gebirgs- und Bauplatzbetrieb mit Anhängern,
4. breite Federspur, da keine Zwillingsreifen, also Verminderung der Seitenschwankungen, vor allem bei hoher Ladung,
5. Erleichterung des Reifenwechsels und des Auflegens von Schneeketten,
6. Schutz des Fahrpersonals vor ermüdenden Einflüssen des Motors (Wärme, Geräusch, Geruch),
7. tiefe Schwerpunktlage,
8. freies Blickfeld des Fahrers (bei Ausfahrten sofortiger Einblick in den Querverkehr),
9. beste Zugänglichkeit aller Antriebsteile,
10. Der in Gummilagern schwingungsfrei gehängte Dieselmotor kann mittels einer fest eingebauten Seilwinde mühelos nach unten ausgebaut werden.

BÜSSING-Dreiachs-Lastkraftwagen mit Unterflurmotor U 13 für den Behälterverkehr, Fahrerhaus mit durchgehender zweiter Sitzbank, Rückenlehne hochklappbar als Schlafgelegenheit.

BÜSSING-Dreiachs-Lastkraftwagen mit Unterflurmotor U 13, Pritschenaufbau mit Hamburger Verdeck, Fahrerhaus mit zwei Schlafkabinen und Kleiderschrank.

Die Übertragung der Last auf die Achsen erfolgt beiderseits durch zwei lange halbelliptische Blattfedern, die am Zapfen schwenkbar sind; dadurch entsteht auf jeder Seite ein schwenkbares Federparallelogramm, und die einzelnen Räder können sich den gröbsten praktisch vorkommenden Unebenheiten der Fahrbahn anpassen. Alle Gelenkstellen dieses Federparallelogramms sind in wartungslosen spielfreien Gummikörpern gelagert. – Ein fünfgängiges handgeschaltetes Getriebe zusammen mit einer durch Druckluft schaltbaren Untersetzungsstufe im Verteilergetriebe ergeben zehn Vorwärtsgänge und zwei Rückwärtsgänge. – Die Lenkung ist mit einer Druckluft-Servo-Einrichtung versehen, dadurch werden die Körperkräfte des Fahrers geschont und die Beherrschung der Lenkung wird auch für den Fall schwerster Beanspruchungen z. B. bei Reifenpannen gesichert. – Druckluft-Öldruck-Vierradbremse, Betätigung durch Fußhebel, Lieferung der Bremskraft durch Druckluft, Verteilung der Bremskraft auf alle sechs Räder durch Öldruck. Als Haltebremsen dienen zwei voneinander unabhängige Getriebebremsen.

Büssing Unterflur-Dreiachser liefen auch im Dienst der Deutschen Bundesbahn.

Prospekt für den Büssing 4000 mit der Herausstellung der technischen Raffinessen des kleinen Frontlenkers.

❶

❷

Ob als Hauber oder als Frontlenker: Einen Büssing einzusetzen, war immer eine gute Entscheidung.

MÖBELKOFFER-AUFBAUTEN

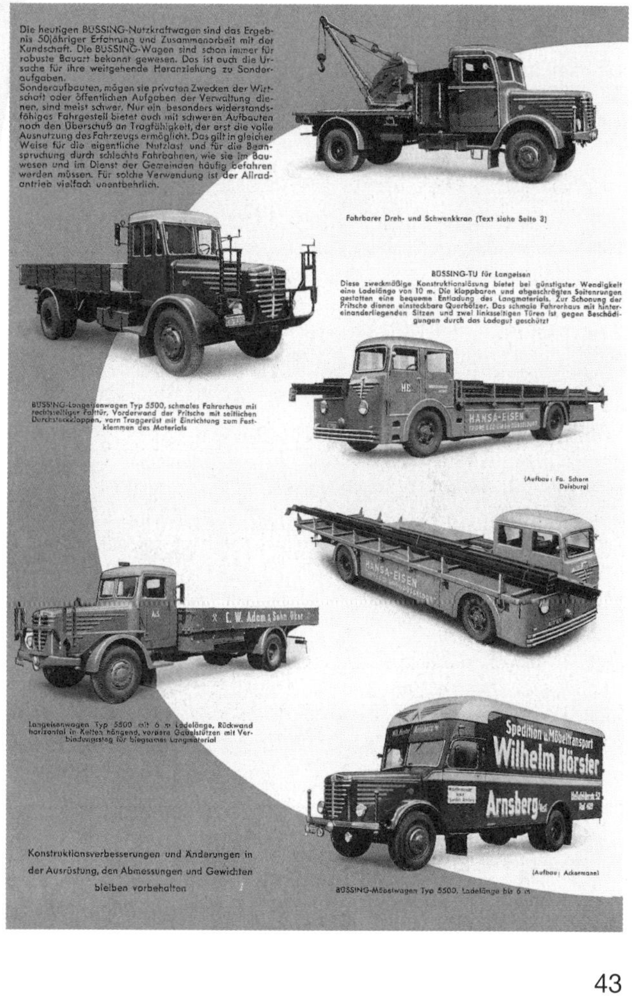

Die heutigen BÜSSING-Nutzkraftwagen sind das Ergebnis 50jähriger Erfahrung und Zusammenarbeit mit der Kundschaft. Die BÜSSING-Wagen sind schon immer für robuste Bauart bekannt gewesen. Das ist auch die Ursache für ihre weitgehende Heranziehung zu Sonderaufgaben.
Sonderaufbauten, mögen sie privaten Zwecken der Wirtschaft oder öffentlichen Aufgaben der Verwaltung dienen, sind meist schwer. Nur ein besonders widerstandsfähiges Fahrgestell bietet auch mit schweren Aufbauten noch den Überschuß an Tragfähigkeit, der erst die volle Ausnutzung des Fahrzeugs ermöglicht. Das gilt in gleicher Weise für die eigentliche Nutzlast und für die Beanspruchung durch schlechte Fahrbahnen, wie sie im Bauwesen und im Dienst der Gemeinden häufig befahren werden müssen. Für solche Verwendung ist der Allradantrieb vielfach unentbehrlich.

Fahrbarer Dreh- und Schwenkkran (Text siehe Seite 3)

BÜSSING-TU für Langeisen
Diese zweckmäßige Konstruktionslösung bietet bei günstigster Wendigkeit eine Ladelänge von 10 m. Die klappbaren und abgeschrägten Seitenrungen gestatten eine bequeme Entladung des Langmaterials. Zur Schonung der Pritsche dienen einsteckbare Querhölzer. Das schmale Fahrerhaus mit hintereinanderliegenden Sitzen und zwei linksseitigen Türen ist gegen Beschädigungen durch das Ladegut geschützt

BÜSSING-Langeisenwagen Typ 5500, schmales Fahrerhaus mit rechtsseitiger Falttür, Vorderwand der Pritsche mit seitlichen Durchsteckklappen, vorn Traggerüst mit Einrichtung zum Festklemmen des Materials

(Aufbau: Fa. Schorn Duisburg)

Langeisenwagen Typ 5500 mit 6 m Ladelänge, Rückwand horizontal in Ketten hängend, vordere Gabelstützen mit Verbindungssteg für biegsames Langmaterial

Konstruktionsverbesserungen und Änderungen in der Ausrüstung, den Abmessungen und Gewichten bleiben vorbehalten

(Aufbau: Ackermann)

BÜSSING-Möbelwagen Typ 5500, Ladelänge bis 6 m

Im 50. Jahr des Bestehens des Werkes setzte der Graphiker einen stolzen Kapitän der Landstraße mit Schirmmütze in das Fahrerhaus des 6000er. Die Peilstangen waren beim Hauber eine notwendige Manövrierhilfe.

Büssing war mit seinen Schwerlastern wieder gut im Geschäft. In Steinbrüchen, auf Baustellen und im Fernverkehr waren die robusten Braunschweiger Fahrzeuge sehr beliebt.

Der BÜSSING-Allradantrieb

verteilt die Zugkraft entsprechend den Achsdrücken auf alle 4 Räder,
beherrscht dadurch jedes überhaupt noch befahrbare Gelände und
schützt die Reifen vor gewaltsamer Zerstörung beim Durchdrehen einzelner Räder.

Darum ist der BÜSSING-Allradwagen der gegebene Wagen
für die Erschließung von Landschaften kolonialen Charakters,
für den Straßen- und Eisenbahnbau in unwegsamen Gebieten,
für die Schaffung neuer Verkehrsverbindungen über Gebirgszüge,
für Bau-, Sand-, Steinbrüchen- und Kiesgruben-Betrieb,
für Land- und Forstwirtschaft und
für die Schneeräumung

BÜSSING Typ 6000 Allrad in Süd-Rhodesien:
Seine Leistung hat sich auch unter den schwierigsten Bedingungen als außergewöhnlich hoch erwiesen.

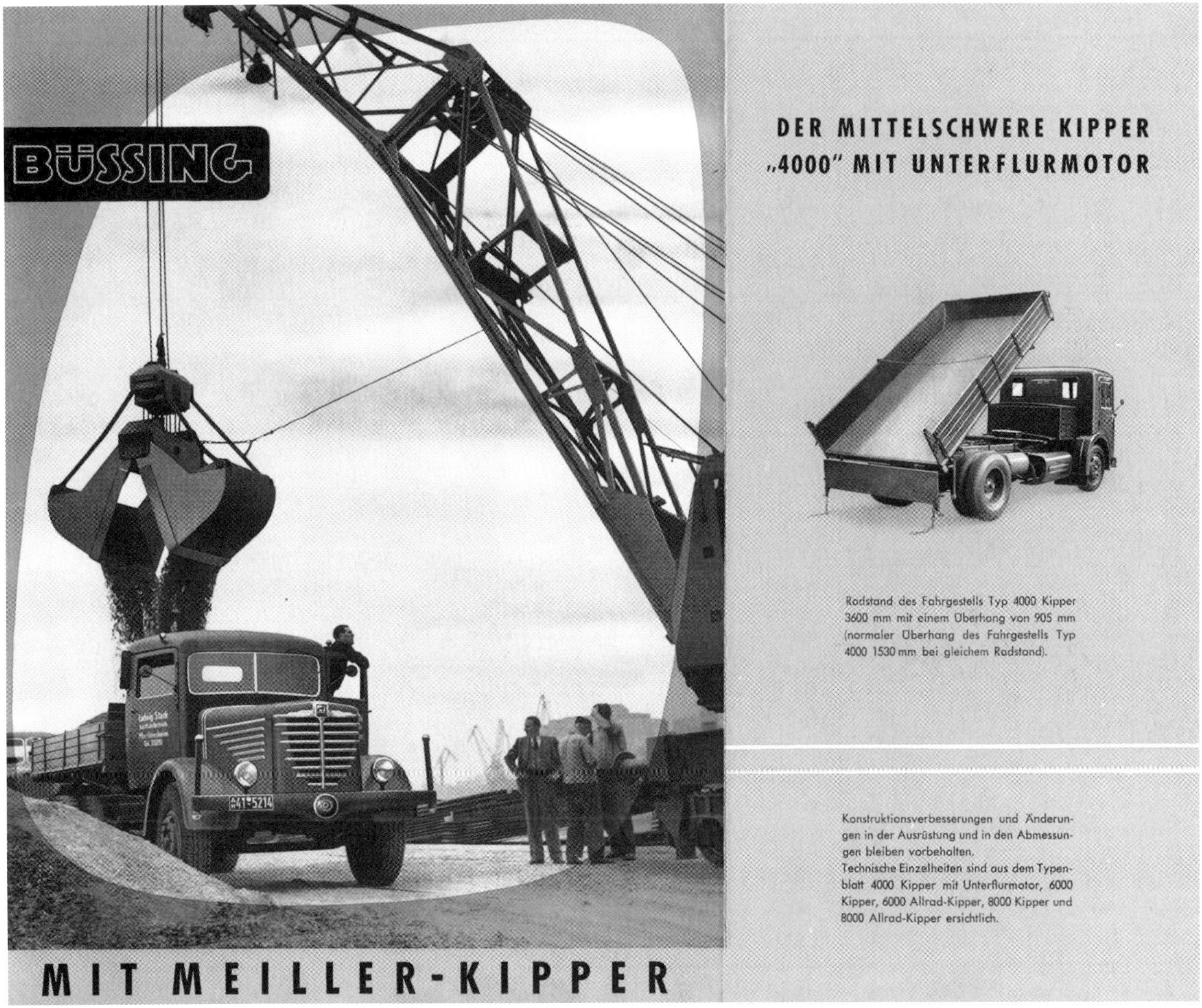

Unter einen gigantischen Bagger setzte die Werbung den Typ 6000 S mit dem Kennzeichen der amerikanischen Zone Hessen. Auch den Unterflur-Frontlenker führte Büssing in das Baugewerbe ein.

Typ 7500 ein neues Glied einer bewährten Kette!

Aus den Ergebnissen werkseigener Entwicklungsarbeit schufen unsere Ingenieure einen Lastkraftwagen, der sich mit seiner starken Leistung und robusten Widerstandskraft schnell Freunde erwerben wird. – Für den BÜSSING Lastkraftwagen Typ 7500 sind serienmäßig zwei verschiedene Ausführungen vorgesehen:

- Für eine Nutzlast von 7750 kg mit 5,5 m Ladelänge und 5350 mm Radstand.
- Für eine Nutzlast von 7650 kg mit 6 m Ladelänge und 5600 mm Radstand.
- Es stehen außerdem Fahrgestelle für Kipp-Aufbauten mit einem Radstand von 4800 mm und für Sattelschlepper mit einem Radstand von 4000 mm zur Verfügung.

Rahmenlängsträger in Höhe, Breite und Stärke, Achsschenkel, Achsbolzen, Vorderradmittelstück, Vorderrad-Lagerung, Lenkstoß- und Lenkspurstange sowie die Federung wurden nach neuesten

Ein letztesmal verbesserte Büssing 1954 den bewährten Haubenlastwagen aus der Vorkriegszeit. Blinker auf den Stoßstangen ersetzten jetzt die Winkerarme.

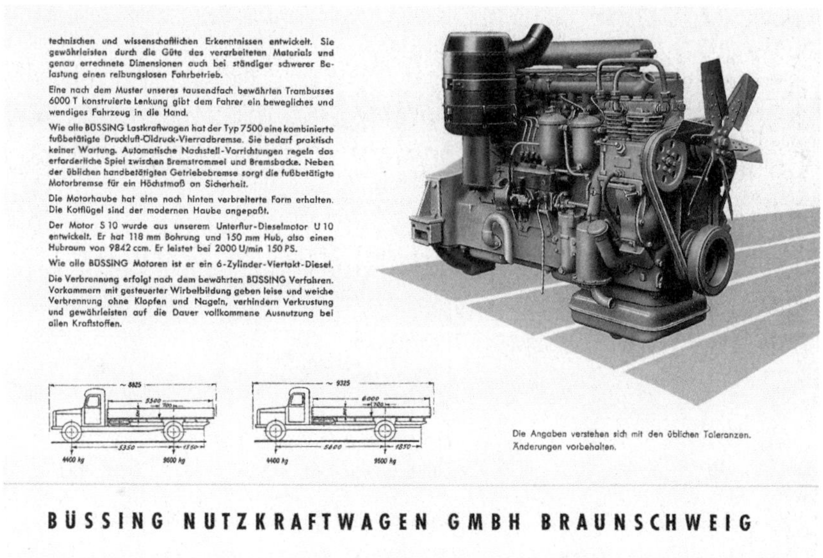

technischen und wissenschaftlichen Erkenntnissen entwickelt. Sie gewährleisten durch die Güte des verarbeiteten Materials und genau errechnete Dimensionen auch bei ständiger schwerer Belastung einen reibungslosen Fahrbetrieb.

Eine nach dem Muster unseres tausendfach bewährten Trambusses 6000 T konstruierte Lenkung gibt dem Fahrer ein bewegliches und wendiges Fahrzeug in die Hand.

Wie alle BÜSSING Lastkraftwagen hat der Typ 7500 eine kombinierte fußbetätigte Druckluft-Öldruck-Vierradbremse. Sie bedarf praktisch keiner Wartung. Automatische Nachstell-Vorrichtungen regeln das erforderliche Spiel zwischen Bremstrommel und Bremsbacke. Neben der üblichen handbetätigten Getriebebremse sorgt die fußbetätigte Motorbremse für ein Höchstmaß an Sicherheit.

Die Motorhaube hat eine nach hinten verbreiterte Form erhalten. Die Kotflügel sind der modernen Haube angepaßt.

Der Motor S 10 wurde aus unserem Unterflur-Dieselmotor U 10 entwickelt. Er hat 118 mm Bohrung und 150 mm Hub, also einen Hubraum von 9842 ccm. Er leistet bei 2000 U/min 150 PS.

Wie alle BÜSSING Motoren ist er ein 6-Zylinder-Viertakt-Diesel.

Die Verbrennung erfolgt nach dem bewährten BÜSSING Verfahren. Vorkammern mit gesteuerter Wirbelbildung geben leise und weiche Verbrennung ohne Klopfen und Nageln, verhindern Verkrustung und gewährleisten auf die Dauer vollkommene Ausnutzung bei allen Kraftstoffen.

Die Angaben verstehen sich mit den üblichen Toleranzen. Änderungen vorbehalten.

BÜSSING NUTZKRAFTWAGEN GMBH BRAUNSCHWEIG

Der neuentwickelte, kleinvolumige Motor leistete jetzt 150 PS.

Als Lkw der Zukunft konnte Büssing den Typ 7500 anpreisen. Der Unterflur-Diesel war eine ideale, wenn auch teure Lösung.

Dieser englischsprachige Prospekt zeigt die für die damalige Zeit ungewöhnliche Frontlenker-Allradausführung. Nur Henschel und Krupp konnten ebenfalls mit solchen Modellen aufwarten, die allerdings innenstehende Motoren besaßen.

The introduction of the underfloor design on the truck sector opened new ways and means for the styling and equipment of the driver's cabin. Placing of the engine "under the floor" removed disagreeable effects (noise, fume, heat) from the cab. The total chassis basis is free for its proper use; this makes possible the design of a very spacious and homely equipped driver's cab without loosing any loading space.

BÜSSING U UNTERFLUR DIESEL

The outer lines of the driver's cab correspond to the well-known modern trambus style of our underfloor engined trucks. The windscreen is an one-piece frame divided vertically in the centre, both sections being permanently fixed. Twin panel windscreens of large and curved area afford excellent all-round vision. The driver seated close to the windscreen has a perfect control of the traffic. The spacious cabin offers comfortable accomodation for 3 persons with adjustable driver's seat. Two doors: of which the right one is a bolted door, whereas the left one is a locking door, both with crankoperated windows. Series equipment: Interior lighting, 2 wipers and 2 rear view mirrors.

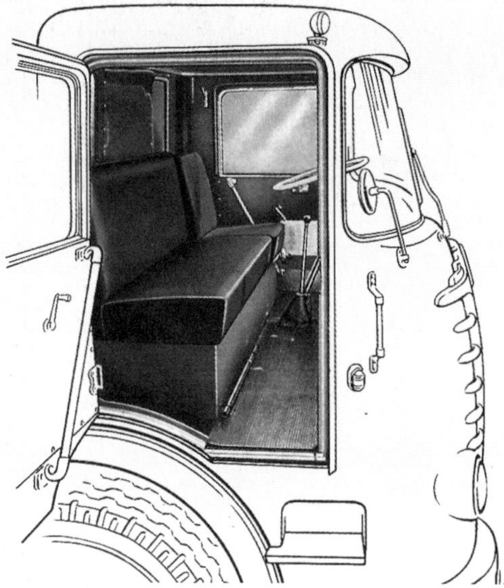

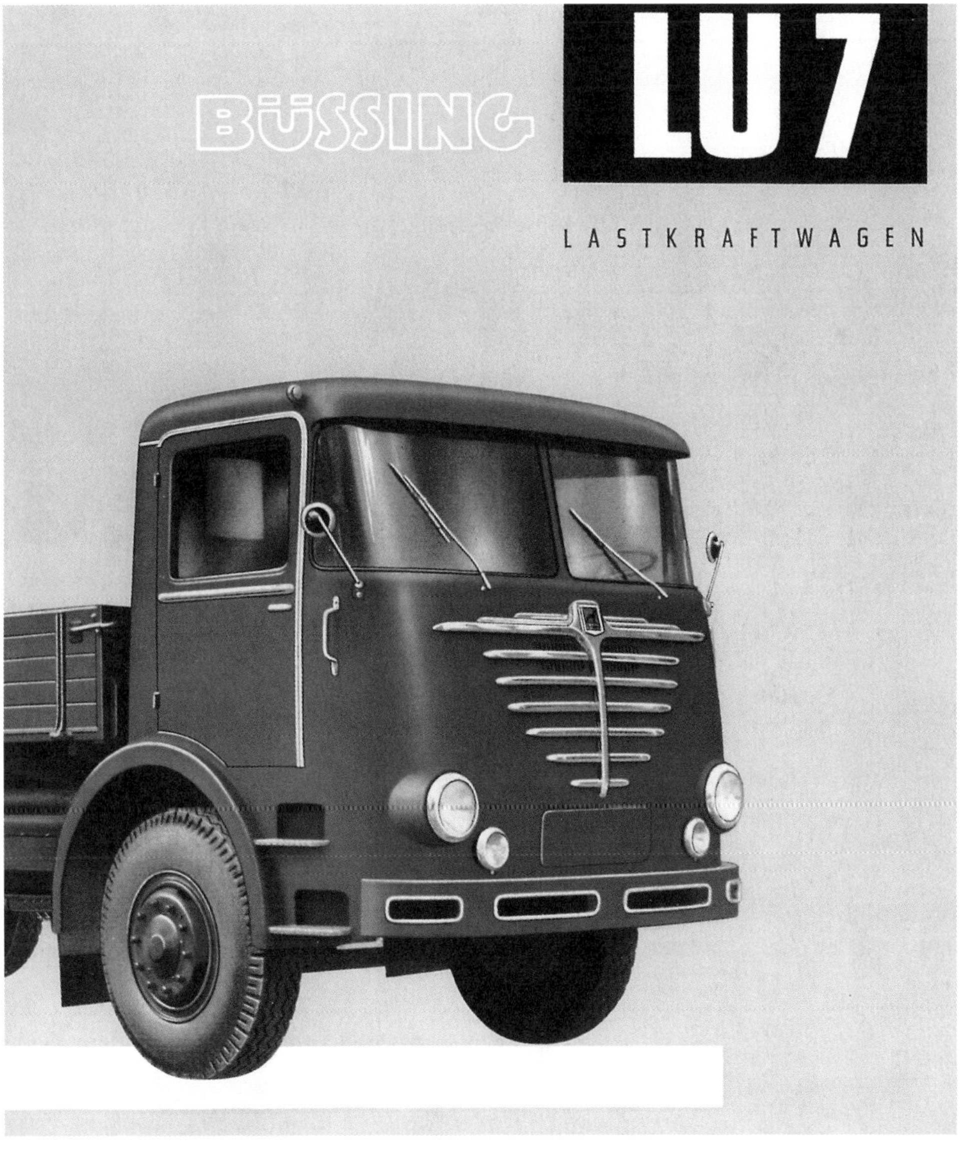

Ein weit verbreiteter Lkw war der LU 7. Die Fahrerhauskonstruktion vor der Vorderachse erforderte – entgegen den geltenden Vorschriften – eine hinten angeschlagene Tür, um einen passablen Einstieg zu ermöglichen.

Auch mit Kippaufbauten der Münchner Firma Meiller stattete Büssing die Nutzfahrzeuge aus. Das Baugewerbe hatte damals einen großen Bedarf an Kippern mit Holz- und Stahlpritschen sowie mit Mulden, die mit einem Steinschlagschutz versehen waren.

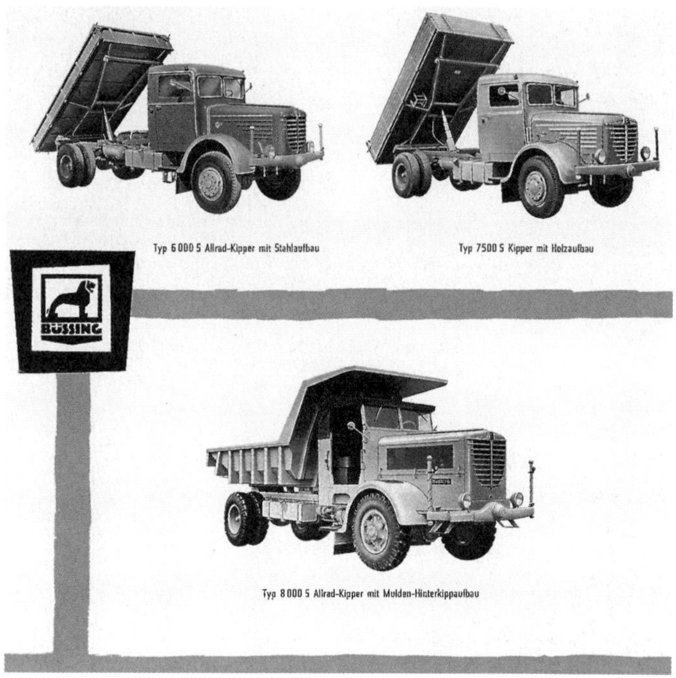

Mit Mehrzweckfahrzeugen für die Bekämpfung von Bränden und für den Einsatz bei »Aufständen und Tumulten« rüstete Büssing Polizeidirektionen aus. Gegen Steinwurf waren die Mehrschichtglasscheiben des Wasserwerfers mit Drahtgittern geschützt. Die Wurfweite bei 15 atü lag treffsicher bei beachtlichen 71 Metern!

BÜSSING Lastkraftwagen-Fahrgestell Typ 6000 S Allrad mit Pritschenaufbau

BÜSSING Lastkraftwagen-Fahrgestelle Typ 8000 S Allrad-Kipper mit Mulden-Hinterkippaufbauten, Bauart Meiller, auf der Überführungsfahrt

BÜSSING Lastkraftwagen-Fahrgestell Typ 6000 S Allrad beim Transport von Teak-Holz in Bulawayo/Süd-Rhodesien

BÜSSING Lastkraftwagen-Fahrgestell Typ 6000 S Allrad-Kipper mit Stahlpritschen-Kippaufbau(BauartMeiller), Steinschlagschutz und vorn aufmontiertem Schneepflug

BÜSSING

Bauunternehmen im In- und Ausland wurden auf den Büssing-Allrad-Lastwagen angesprochen, nachdem das Werk bei der Neuausrüstung der Bundeswehr nur mit einigen Amphibien-Fahrzeugen und Omnibussen zum Zuge gekommen war.

Von den Schell-Typenbezeichnungen der Vorkriegszeit gingen die Braunschweiger Mitte der 50er Jahre ab. Die Bezeichnung LS 7 stand für den Lkw mit stehendem 7-Liter-Motor.

Die beiden Kapitäne der Landstraße werden 1958 in ihrem LU 11 vom Chef und vom Lademeister auf die Fahrt geschickt. Der damaligen Mode entspricht das Outfit des Unternehmers…

Wir bieten kraft der einzigartigen Vorteile der Unterflurbauweise, bei äußerster Längen- und Gewichtsbeschränkung Beförderungsleistungen, die bei anderen Bauarten nur mit größerem Aufwand bewältigt werden können.

Die Richtigkeit unserer eigenen Entwicklungsarbeit ist durch die heute bestehende weite Verbreitung der Unterflurbauweise sowohl im europäischen als auch im überseeischen Ausland seit langem bestätigt. Namhafte Firmen der Automobil-Industrie in aller Welt stellen seit vielen Jahren auf den großen Ausstellungen ständig neue Konstruktionen von Fahrzeugen mit Unterflurmotor den interessierten Fachkreisen vor.

Im unwegsamen Gelände, in Baugruben und auf schlechten Straßen haben BÜSSING Fahrzeuge mit Unterflurmotor ihre ausreichende Bodenfreiheit auch für solche Sondereinsätze hinreichend bewiesen.

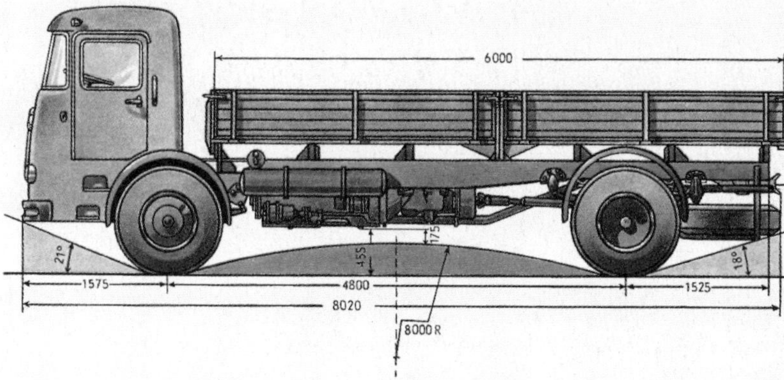

Als »Nachkomme für den unvergessenen Vorfahren«, den Hundertfünfer, entstand der LS 5, »modern, weil leicht und wirtschaftlich«. Mit den Maßen und Gewichten entsprach der 115 PS starke Lkw den neuen Vorschriften.

Mit dem Slogan »Burglöwe, ein Name von gestern, ein Fahrzeug von heute« knüpfte 1959 der LU 55 an die erfolgreichen Büssing-NAG-Lastwagen der 30er Jahre an. Bei 3600 kg Eigengewicht konnte der 110 PS starke Wagen 4800 kg befördern.

»Burglöwe« — ein Name von gestern, ein Fahrzeug von heute

Unter der Bezeichnung seines berühmten Vorgängers aus den dreißiger Jahren bietet BÜSSING heute einen Lastwagen, der alle an ihn gestellten Forderungen erfüllt. Er ist leicht, wendig und schnell. Durch das Fünfgang-Synchrongetriebe wird die Motorleistung voll ausgenutzt. Schnelles, leichtes Schalten gewährleistet auch in schwierigen Situationen sichere Fahrt.
In der Ausführung mit einem zulässigen Gesamtgewicht von 7490 kg ist er für den Sonntagsverkehr geeignet. Der Pritschenwagen kann in allen Ausführungen mit dem Führerschein Klasse 3 gefahren werden, wenn dieser vor dem 1. 9. 1953 ausgestellt wurde.

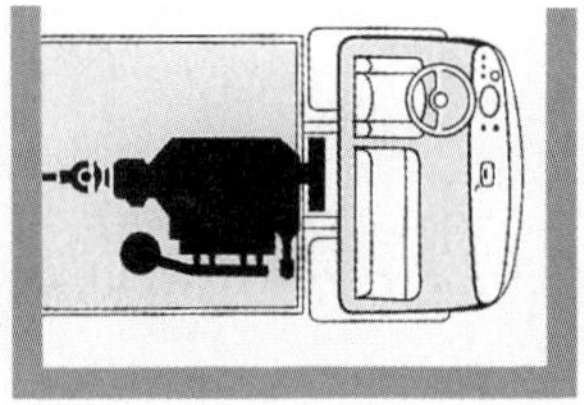

Ein bewährter, kraftvoller Unterflurmotor von 110 PS

Wenn von Unterflurmotoren gesprochen wird, denkt man zuerst an BÜSSING. Seit 1936 tausendfach bewährt, ist diese Konstruktion längst ausgereift und zu einem festen Begriff geworden. Ob in Europa oder in Übersee, überall werden diese Sechszylinder-Diesel mit ihren bekannten Eigenschaften — große Kraftentfaltung, Wirtschaftlichkeit, lange Lebensdauer — besonders geschätzt.
Auch der Burglöwe LU 55 ist mit einem dieser erprobten Motoren ausgerüstet.

Ein Fahrerhaus, in dem man Erster Klasse fährt

Der Motor ist der gute Kamerad des Kraftfahrers. Aber selbst der beste Diesel verursacht Geräusche. Außerdem beansprucht er kostbaren Raum. Das Fahrerhaus des LU 55 ist frei von Motoreinbauten und Dieseldunst; es bietet drei Personen bequeme Sitzplätze. Vom Motor ist nicht mehr zu hören als in einem Personenwagen der Mittelklasse.

Die Ausführungen des LU 55 Burglöwe:

Pritschenwagen		Kipper	
Radstand	zul. Gesamtgewicht	Radstand	zul. Gesamtgewicht
3400 mm	8400 kg	3400 mm	8400 kg
3700 mm	8400 kg		
3400 mm	7490 kg		
3700 mm	7490 kg		

Die Fahrzeuge können auch mit folgendem Gesamtgewicht geliefert werden:

Pritschenwagen	9150 und 10200 kg
Kipper	9050 und 9900 kg
Sattelschlepper	5350 kg Auflagelast

Weitere technische Angaben bitten wir unseren Typenblättern zu entnehmen
Änderungen vorbehalten

Die Pflege und der Aus- und Einbau des Unterflurmotors ist leichter und schneller möglich als bei jeder anderen Bauart. Hierdurch kann er öfter und besser gewartet werden.

Beste Verkehrsübersicht ist eine der wichtigsten Voraussetzungen für die Verkehrssicherheit. Die Panoramascheibe des LU 55 gibt den Blick nach den Seiten und vor allem direkt vor das Fahrzeug frei.

Das Verhältnis Leergewicht–Nutzlast entspricht den Forderungen nach hoher Wirtschaftlichkeit.

Dieses Diagramm zeigt die Zugkraft an der Hinterachse und die Geschwindigkeiten in den fünf Vorwärtsgängen. Zugrundegelegt ist die Übersetzung 1:4,86.

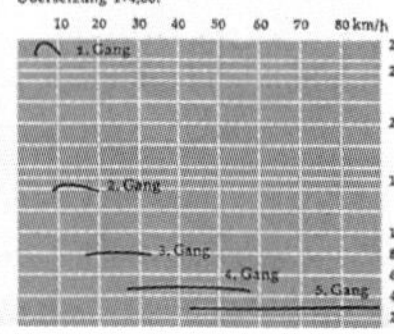

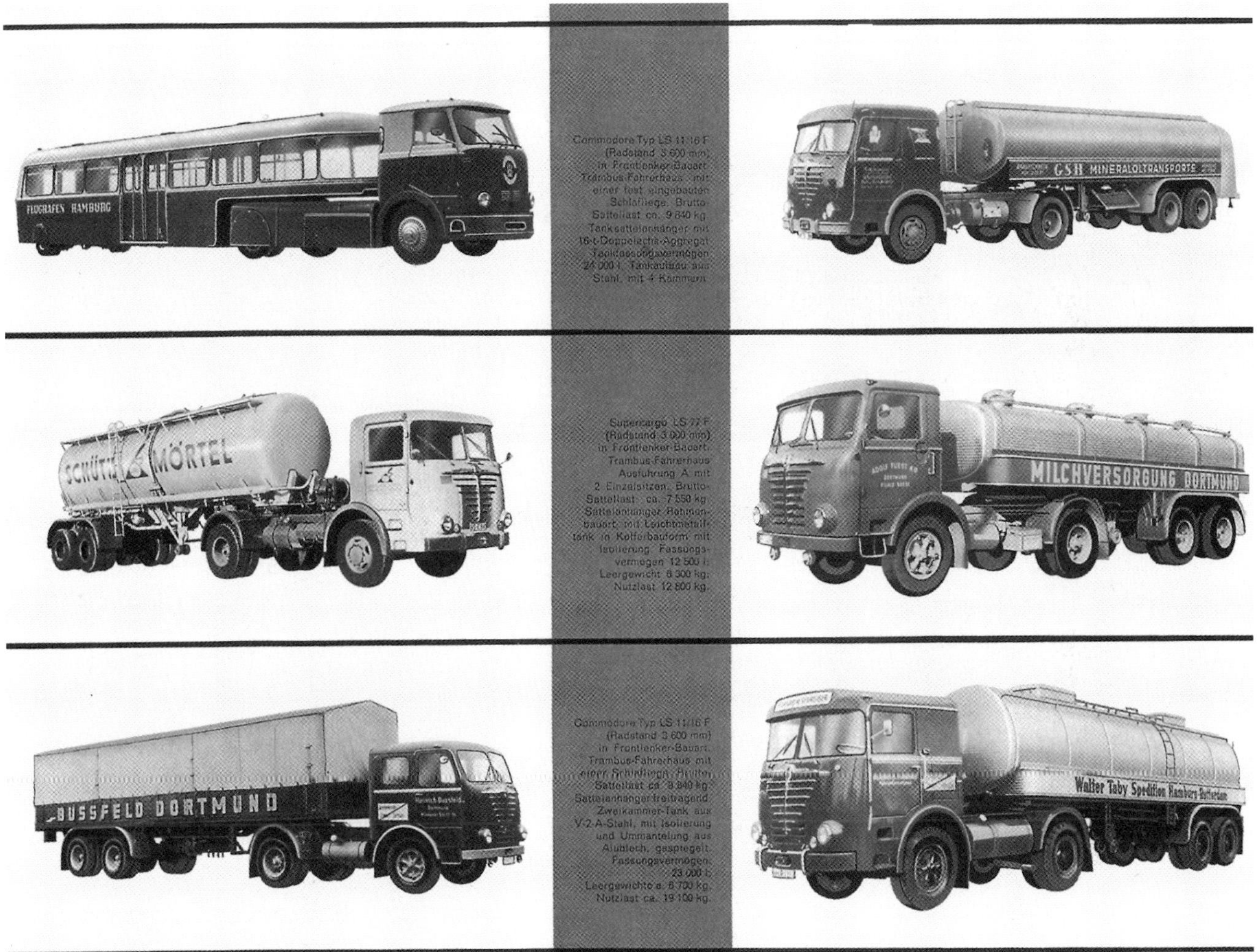

Eine vielfältige Palette an Sattelschleppern mit den Baureihen Burglöwe, Supercargo und Commodore (auch als Hauber) mobilisierte mit 126, 145 und 192 PS eine Reihe von Kasten-, Silo-, Tank-, Tiefkühl-, Pritschen-, Schüttgut- und sogar Omnibus-Auflieger.

Mit einem Nutzlastfaktor von 1 zu 1,73 war der LU 7/14 (7-Liter-Motor, 14 Tonnen Gesamtgewicht) ein besonders leistungsfähiges Fahrzeug für den Güternahverkehr. Skeptische Bauunternehmer wies man auf die geringe Kippgefahr durch den Unterflurmotor hin.

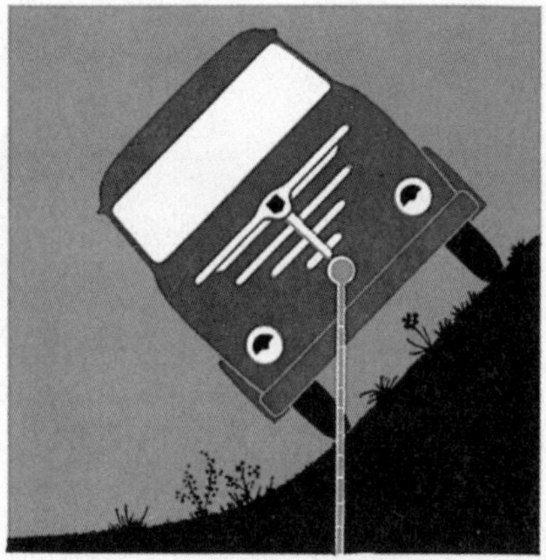

Die tiefe Schwerpunktlage bei der Unterflurbauart verhindert die Kippgefahr in stark unebenem und hügeligem Gelände. Die nachteilige Kopflastigkeit besteht bei Unterflurfahrzeugen nicht.

Der Unterflur-Dieselmotor läßt sich bequem ein- und ausbauen, er ist leicht und schnell zu pflegen – dadurch zeitsparende und bessere Wartung.

In Kiesgruben, im Straßenbau und auf Großbaustellen – kurz gesagt – Kippfahrzeuge müssen für härteste Beanspruchung gebaut werden. Der BÜSSING Schwerlastkipper COMMODORE LS 11/16 ist das Ergebnis von Jahrzehnten technischer Erfahrung und fortschrittlicher Konstruktion. Moderne BÜSSING Baustellenfahrzeuge sind bei größter Wirtschaftlichkeit zuverlässig, schnell und auch unter extremen Arbeitsbedingungen einsatzfähig. Dieses Kippfahrzeug wird für viele Einsatzformen in mehreren Varianten nach dem Baukastenprinzip gebaut unter Verwendung gleicher Bauelemente und Aggregate. In größeren Fuhrparks wird dadurch eine beachtliche Senkung der Unterhaltskosten erreicht. Der COMMODORE hat einen geringen Kraftstoffverbrauch bei hoher Motorleistung, einen soliden Rahmen mit robustem Fahrwerk und löst im Solo- oder Anhängerbetrieb jede Transportaufgabe. Kurze Fahrzeiten, schnellen Umschlag und hohe Nutzlast garantieren hohe Tonnenkilometer-Leistungen und Rentabilität. Der starke Motor und gut abgestimmte Getriebe- und Hinterachsübersetzungen ergeben das enorme Steigvermögen. Die Lenkung – eine ZF Spindel-Hydro-Ausführung – erfordert geringen Kraftaufwand.

Drei voneinander unabhängige Bremsen geben absolute Sicherheit. Die hydraulische Innenbacken-Bremse mit Einkammer-Druckluftvorspann und automatischer Nachstelleinrichtung erlaubt feinfühliges Bremsen. Die Handbremse ist eine feststellbare mechanische Triebwerksbremse. Die Motorbremse wird elektro-pneumatisch über einen Fußschalter betätigt.

Das moderne Ganzstahlfahrerhaus bietet drei Personen Platz. Durch die Rundumverglasung kann der Fahrer das Be- und Entladen leicht überwachen. Es gibt fast keine toten Winkel mehr. Dies ist eine große Erleichterung für das Fahrpersonal. Eine Heizung mit Frischluftgebläse sorgt für gute Belüftung bei jeder Witterung.

Der COMMODORE wird für Spezialaufbauten als Fahrgestell und als Sattelschlepper geliefert und kann für besondere Zwecke Luftfederung an der Hinterachse erhalten.

Die Frontlenker- und Hauben-Baureihe Commodore LS 11/16, also mit stehendem 11-Liter-Motor und 16 t Gesamtgewicht, stellte eine fortschrittliche Konstruktion von Baustellenfahrzeugen dar. Die Werbung versprach ein enormes Steigvermögen.

Einen »überzeugenden Beweis für die Wirtschaftlichkeit der Unterflurbauart« stellte der Büssing Supercargo 22-150 als Decklaster dar. Doch blieb dieses Transportsystem mit der Ladeetage über der gesamten Fahrzeuglänge mit 150-PS-Motor, vorderer Doppelachse und Automatikgetriebe ein Einzelfall.

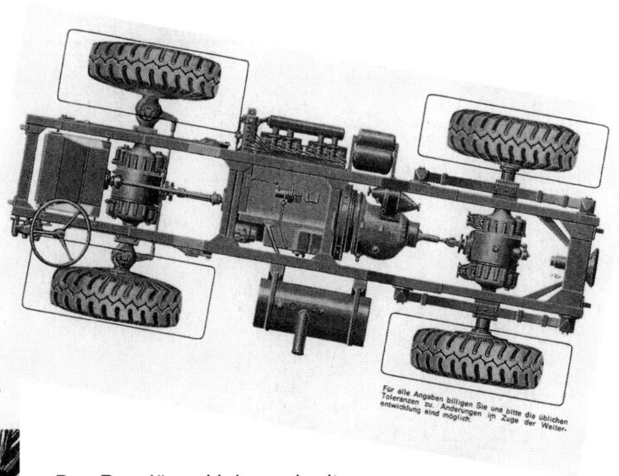

Der Burglöwe Universal mit 126-PS-Unterflur-Diesel mit Allradantrieb, zweifach hochgekröpftem Rahmen und Portalachsen war als Spezialfahrzeug für vielfältige Verwendungszwecke konstruiert. Büssing wollte damit mit der Bundeswehr ins Geschäft kommen und gegen den Unimog antretcn.

Lastwagen und Sattelschlepper ab 1962

Das Vertrauen zum Löwen aus Braunschweig blieb stets doppelgleisig: Während das Werk den Unterflur-Frontlenker durchboxen wollte, vertraute ein Teil der Kundschaft weiterhin auf den traditionellen Hauben-Sattelschlepper.

Commodore mit 192-PS-Dieselmotor in Frontlenkerbauart, Trambusfahrerhaus A. Vidal-Kohlentrimmer-Sattelanhänger, selbsttragend, Förderband unter dem trichterförmigen Aufbau, zweites Förderband horizontal und vertikal schwenkbar, beide motorhydraulisch angetrieben. Ladekapazität 24 cbm gestrichen, 27 cbm gehäuft.

Commodore mit 192-PS-Dieselmotor in Frontlenkerbauart. Selbsttragender Aurepa-Tank-Sattelanhänger für Benzin, Diesel oder Heizöl, Heckschrank-Ausführung, hydraulischer Pumpenantrieb. Nenngröße 26 000 Liter, effektiv 27 000 Liter.

Mit und ohne Allradantrieb bewältigten die Haubenkipper Burglöwe und Commodore sowie der dreiachsige Frontlenker Commodore FK 3 den Baustellenverkehr. Stehend eingebaute Dieselmotoren mit 132 bzw. 192 PS gaben ihnen die Kraft.

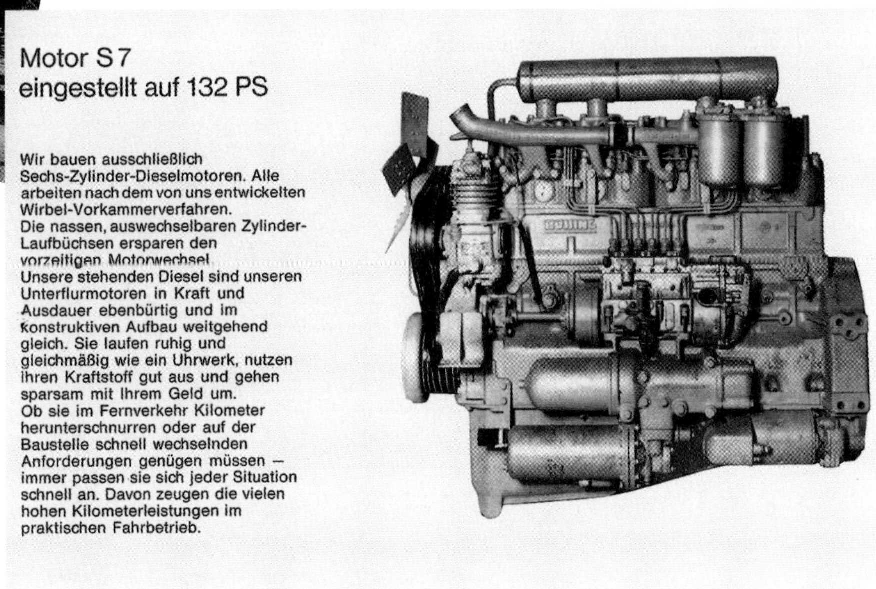

Motor S 7
eingestellt auf 132 PS

Wir bauen ausschließlich Sechs-Zylinder-Dieselmotoren. Alle arbeiten nach dem von uns entwickelten Wirbel-Vorkammerverfahren.
Die nassen, auswechselbaren Zylinder-Laufbüchsen ersparen den vorzeitigen Motorwechsel.
Unsere stehenden Diesel sind unseren Unterflurmotoren in Kraft und Ausdauer ebenbürtig und im konstruktiven Aufbau weitgehend gleich. Sie laufen ruhig und gleichmäßig wie ein Uhrwerk, nutzen ihren Kraftstoff gut aus und gehen sparsam mit Ihrem Geld um.
Ob sie im Fernverkehr Kilometer herunterschnurren oder auf der Baustelle schnell wechselnden Anforderungen genügen müssen – immer passen sie sich jeder Situation schnell an. Davon zeugen die vielen hohen Kilometerleistungen im praktischen Fahrbetrieb.

Immer wieder warb Büssing für die Baustellen-Kipper Burglöwe, Supercargo und Commodore mit Unterflur-Diesel. Skeptische Bauunternehmer wollte man auch hier mit der ausgeglichenen Achslastverteilung und der hohen Kippstabilität überzeugen.

Burglöwe 65 vor österreichischer Alpenlandschaft 1961. Der Arbeitsplatz war für drei Männer mit Blaumann, Schirmmütze, Bild-Zeitung, Thermoskanne und kräftigen Muskeln ausgelegt.

Kompromißlos setzte Büssing auch bei den Dreiachs-Baustellenkippern Commodore 22-210 auf das Unterflurprinzip. Hier war der 210-PS-Diesel vor der Vorderachse angeordnet. Der Formgestalter Louis L. Lepoix hatte das eindrucksvolle Fahrerhaus entworfen.

Wieder eine neue Konzeption des Verteiler-Lkw stellte der einzelbereifte Burglöwe 09-110 dar. Das vollverglaste »Fahrercoupé« nach der Lepoix-Konzeption bot einerseits bequeme Einstiegs-, andererseits Durchfahrtsmöglichkeiten für niedrige Toreinfahrten.

Weil Büssing im unteren Lkw-Segment nicht vertreten war, vertrieb die Münchener Büssing-Zentrale – wie auch MAN in Zusammenarbeit mit Saviem – die OM-Schnellaster 35, 40 und 50 unter (hier hineinretuschiertem) Büssing-Schriftzug.

Koffer- und Kastenaufbauten für Großraumtransporte auf BÜSSING Fahrgestellen mit Unterflur-Dieselmotor

Brieftauben-Kabinen-Expreß
Aufbau Niggemeyer
Radstand 5000 mm
Fassungsvermögen 5000 Brieftauben

Staufen Möbelwagen-Aufbau
mit verlängerter Fahrerkabine
Ladelänge 7200 mm
Radstand 5000 mm

Mit integrierren Aufbauten von Ackermann, Eylert, Kässbohrer und Staufen auf Büssing-Trambus-Fahrgestellen waren diese Kastenwagen ein beliebtes Transportmittel für Möbel, Nahrungs- und Genußmittel, Musikgeräte – oder 5000 Brieftauben.

Ein Standardfahrzeug im Fernverkehr war der Supercargo 14-185 als 14-Tonner. Hier warb Büssing damit, daß »am liebsten der Chef ihn selbst fährt.«

Kipper + Allradkipper

BÜSSING

Mit 126 und 185 PS war Büssing im Kippermarkt mit den Frontlenkertypen BS 11 K und 14 K, die sich durch ihr Komfort-Fahrerhaus auszeichneten, vertreten. Im 16-Tonnen-Bereich standen 1967 noch die älteren Frontlenker- und Haubentypen Commodore UK und SK zur Verfügung.

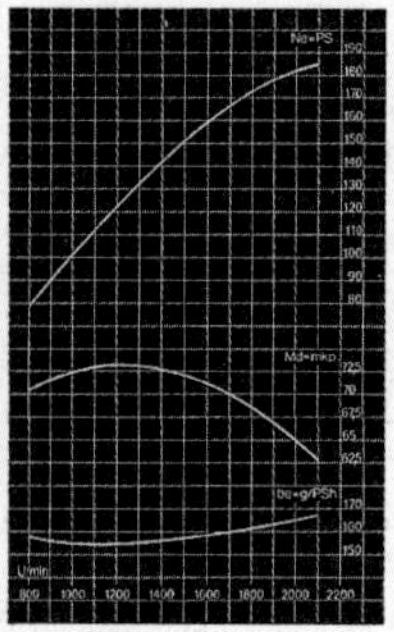

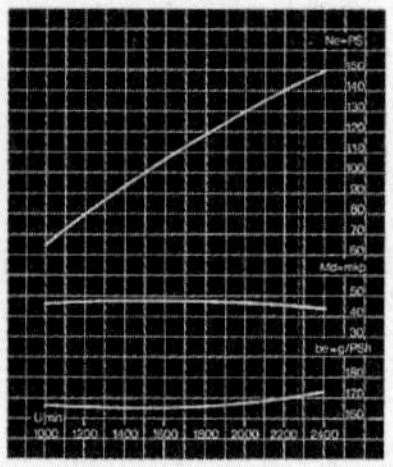

BÜSSING Motoren
sparsam und betriebssicher

Allradkipper BS 14 AK

Ein 14-Tonnen-Allradkipper mit absoluter Spitzenleistung in Technik und Ausstattung:
Die Fahrzeuglänge von nur 6305 mm und der Radstand von nur 3300 mm sind auffallend kurz. Dagegen sind die 4 m lange Kippbrücke und seine Nutzlast von 7900 kg ungewöhnlich groß. Die Wendigkeit (Wendekreis 14,9 m) und die Sichtmöglichkeiten (Frontlenkerfahrerhaus) sind in der Fahrzeugklasse einmalig. Die Ausrüstung mit 2 Differentialsperren (in Vorder- und Hinterachse), lastabhängiger Bremskraftregelung, Drehstrom-Lichtmaschine, Federspeicher-Handbremse und dem Komfort-Fahrerhaus unterstreichen die Exklusivität des BS 14 AK.

Die serienmäßigen Stoßdämpfer an Vorder- und Hinterachse und die Hydrolenkung sind weitere Merkmale für sein ausgezeichnetes Federungs- und Fahrverhalten. Der BS 14 AK ist das Fahrzeug, das alle Materialtransporte auch unter sehr hohen Schwierigkeitsgraden im Gelände zuverlässig ausführt. Die Lagerung seines Kippaufbaus in wartungsfreien Gummibuchsen vermeidet Zwangsverspannungen gegenüber dem Fahrzeugrahmen.

Der Motor ist der sparsame 150-PS-Direkteinspritzer S 7 D. Durch den ausgeglichenen Drehmomentverlauf (max. 48 mkp bei 1400 U/min) ist er sehr elastisch und durchzugsfreudig.

Obwohl Büssing nur noch auf den Unterflur-Diesel setzen wollte, bot das Werk den Frontlenker-Kipper mit stehendem Motor an, erkenntlich am Kühlergitter im Frontbereich.

Kipper BS 14 K: Nutzlast 7900 kg, 185-PS-Unterflurmotor mit 11,6 Liter Hubraum.

Kipper BS 14 K

Ein 14-t-Kipper mit der hohen Nutzlast von 7900 kg. Seine große Ladefläche (4500 mm × 2300 mm) von 10,35 m^2 gewährleistet breite Einsatzmöglichkeiten für alle vorkommenden Schüttgüter. Bei einem Gesamtgewicht von 14,8 t steigt er bis 36,9 %, mit Anhänger (30,8 t Gesamtzuggewicht) bis 15,8 %.
Die technische Ausrüstung erfüllt alle Erfordernisse der Praxis:
Der großvolumige, sparsame 185-PS-Unterflurmotor (11,580 Liter Hubraum) mit Direkteinspritzung hat ein max. Drehmoment von 72 mkp. Das höchste in dieser Klasse. Die serienmäßige Hydrolenkung, Zweikreisbremse, hydraul. Kupplungsbetätigung und die Federspeicher-Handbremse sind weitere Kennzeichen der überdurchschnittlichen Ausstattung. Auf Wunsch Differentialsperre in der Hinterachse. Die Transportleistung des BS 14 K ist besonders hoch im Hängerbetrieb.

Wie bei jedem BÜSSING – hervorragende Sicht nach allen Seiten durch Rundumverglasung.

Pritschenwagen BS 11 L mit 6350 kg Nutzlast und 7,50 m Pritschenlänge. 80 bis 90 km/h lief das 5,9-Liter-Fahrzeug (126 PS) mit 5-Gang-Synchrongetriebe.

Qualitätsmotor U 5

11-15t

Wenn das Fahrgestell stimmt, stimmt auch der Aufbau.

Die Aufbaulänge ist zunächst einmal eine Frage Ihrer besonderen Transportverhältnisse.
Eine Frage des Ladeguts.
Eine Frage der Transportwege.
Eine Frage Ihres Betriebes.
Sprechen Sie mit uns darüber.
Und wir werden Ihnen eine konkrete Antwort geben.
Das Aufbauproblem als solches haben unsere Techniker von vorneherein gelöst. Mit dem stabilen Leiterrahmen aus U-Profilstahl.
Der kennt keine Kröpfungen oder Ausbuchtungen. Weil solche Dinge die überflüssige Eigenschaft haben, das Aufsetzen des Aufbaues zu komplizieren.
Unkompliziert ist dann auch der weitere Umgang mit Ihrem Lkw.
Weil ein Unterflurmotor zum Beispiel mehr für ein Nutzfahrzeug tun kann, als Räder anzutreiben.
Beim Büssing sorgt er für die beste Gewichtsverteilung, die es gibt.
Für ein ausgeglichenes Achslastverhältnis.

Drei Radstandsmaße und fünf Nutzlasten standen für den BS 11 L zur Wahl.

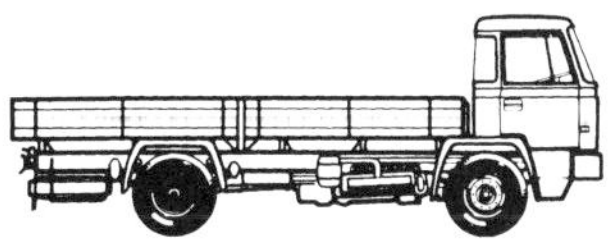

Radstand 3600 · Nutzlast bis 6350 kg
5-m-Pritsche · Fahrerhaus »A«

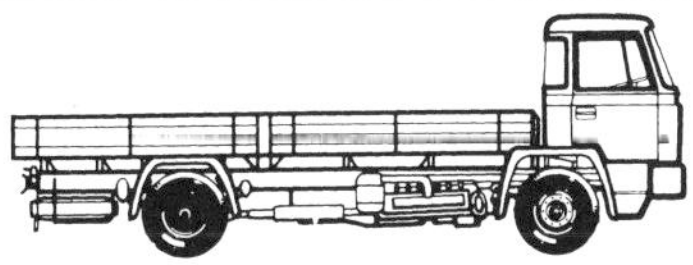

Radstand 4300 · Nutzlast bis 6250 kg
6-m-Pritsche · Fahrerhaus »A«

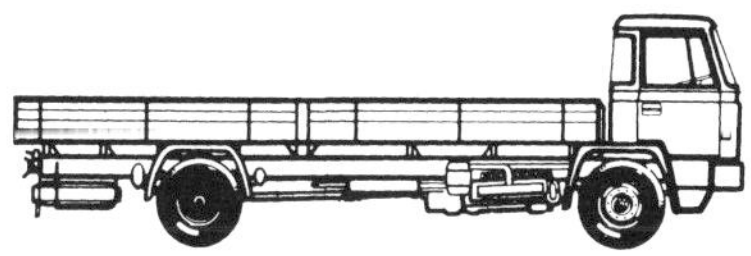

Radstand 5000 · Nutzlast bis 5800 kg
7,5-m-Pritsche · Fahrerhaus »A«

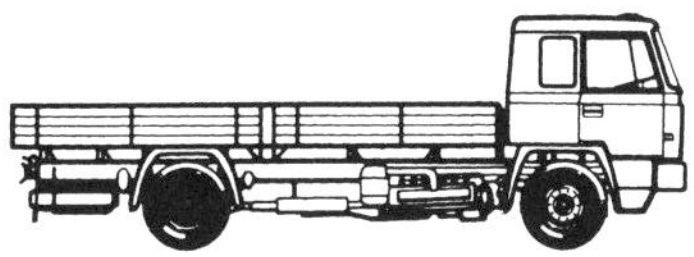

Radstand 4300 · Nutzlast bis 6200 kg
5,5-m-Pritsche · Fernfahrerhaus »B«

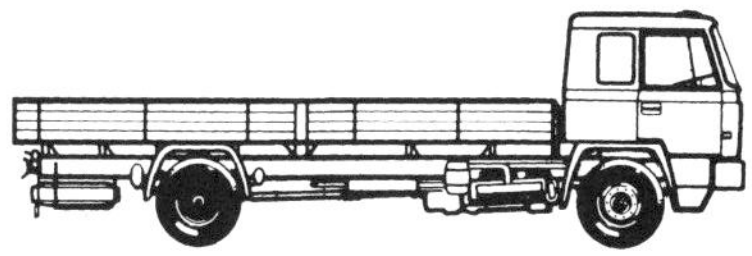

Radstand 5000 · Nutzlast bis 5750 kg
7-m-Pritsche · Fernfahrerhaus »B«

Beim Commodore S 16-210 bewies Büssing, daß auch die Frontlenker-Sattelzugmaschine mit dem Unterflur-Diesel ausgestattet werden konnte.

Da sich der Unterflurmotor beim S 16-210 nicht zwischen den Achsen plazieren ließ, lag er vor der Vorderachse; unter der Stummelhaube befand sich die Kühlanlage; Luftbälge unterstützten die Federung des Sattelschleppers.

BÜSSING

Pritschenwagen, Sattelzugmaschinen, Kipper, Linienbusse, Reisebusse

11-15t

Pritschenwagen

In seinem letzten Programm warb Büssing um den Nahverkehrs-Spediteur mit den 11- bis 15-Tonnen-Fahrzeugen.

Das vollverglaste Cockpit war zwar spartanisch, aber mit einem umfangreichen Armaturenbrett ausgestattet.

11-15 t

Ihr Lastwagen und unser Programm

Zwischen Nahverkehr und Nahverkehr, zwischen Lieferung und Lieferung ist ein Unterschied. Das Transportgeschäft bekommt immer mehr Gesichter. Darum muß ein Techniker, um den richtigen Lkw zu bauen, heute wie ein Fernfahrer, ein Städteplaner und ein Verkehrsexperte denken. Aber auch wie ein Lebensmittelgrossist, ein Brauereibesitzer oder ein Heizöllieferant. Solche Überlegungen werden dann zu Fahrzeugen, die Sie in unserem 11- bis 15-t-Fahrzeugprogramm finden. Daß es ein Programm ist und nicht nur eine Handvoll verschiedener Fahrzeuge, mögen ein paar Zahlen verdeutlichen. In den 5 Gewichtsklassen 11, 12, 13, 14 und 15 t bieten wir allein an Pritschenwagen ca. 40 verschiedene Möglichkeiten. Mit verschiedenen Radständen, Motorstärken und Pritschenlängen. Mit das typischste Merkmal aller Lkw ist das geräumige Fahrerhaus. Außen kompakt, technisch elegant. Innen bequem, großzügig, motorfrei. Die Armaturen liegen blendfrei und exakt im Blickfeld. Der Fahrersitz ist in jeder Richtung verstellbar.

Übersichtliches Armaturenbrett

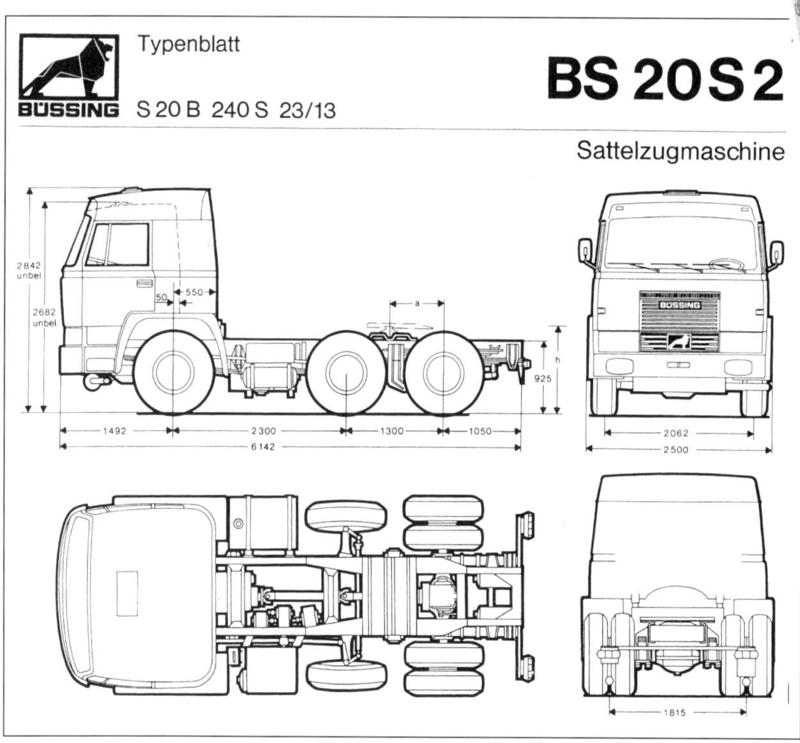

Wiederum eine konstruktiv neuartige Pionierleistung war die Entwicklung der Dreiachs-Zugmaschine BS 20 S2. Durch die zweite Lenkachse besaß der 38-t-Zug gute Manövrierfähigkeiten bei geringem Reifenverschleiß, eine günstige Achslastverteilung und eine sichere Straßenlage.

BS 20 S 2

Doppelt gelenkt fährt sicherer

Das Besondere dieser Zugmaschine liegt in ihrer Vielseitigkeit. Um alle Möglichkeiten optimal zu nutzen, muß sie von den grundlegenden technischen Merkmalen her Optimales bieten. Zwei lenkbare Achsen zum Beispiel. Wir wollen Ihnen wenigstens die hauptsächlichsten Vorteile dieser Konstruktion schildern.
Zwei gelenkte Achsen machen einen 38 t schweren Zug wendiger, manövrierfähiger. Zwei gelenkte Achsen führen den Sattelschlepper exakter. Das verhindert manchen Ausrutscher.
Zwei gelenkte Achsen bewirken, daß das Fahrzeug sorgsamer mit seinen Reifen umgeht.
Zwei gelenkte Achsen bringen eine günstigere Achslastverteilung und höhere Seitenstabilität.
Soviel zum Konzept. Und weil Fahreigenschaften nur dann gut sind, wenn Komfort damit verbunden wird, haben wir die Lenkachsen mit Parabel-Blattfedern und die Hinterachse mit Halbelliptikfedern ausgestattet. In Verbindung mit je zwei hydraulischen Stoßdämpfern arbeiten sie im Team mit den Antriebsaggregaten. Alles zusammen bringt die runde Leistung.

Batteriekasten am Rahmen

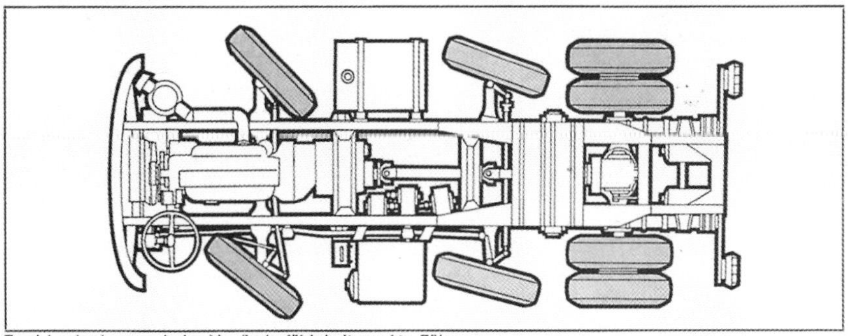

Zwei Lenkachsen – hohe Manövrierfähigkeit, exakte Führung

Drei Achsen, davon zwei gelenkt: Eine Besonderheit der Zugmaschine BS 20 S2.

BS 20 S2

Doppelt gelenkt fährt sicherer

Das Besondere dieser Zugmaschine liegt in ihrer Vielseitigkeit. Um alle Möglichkeiten optimal zu nutzen, muß sie von den grundlegenden technischen Merkmalen her Optimales bieten. Zwei lenkbare Achsen zum Beispiel. Wir wollen Ihnen wenigstens die hauptsächlichsten Vorteile dieser Konstruktion schildern.
Zwei gelenkte Achsen machen einen 38 t schweren Zug wendiger, manövrierfähiger. Zwei gelenkte Achsen führen den Sattelschlepper exakter. Das verhindert manchen Ausrutscher.
Zwei gelenkte Achsen bewirken, daß das Fahrzeug sorgsamer mit seinen Reifen umgeht.
Zwei gelenkte Achsen bringen eine günstigere Achslastverteilung und höhere Seitenstabilität.
Soviel zum Konzept. Und weil Fahreigenschaften nur dann gut sind, wenn Komfort damit verbunden wird, haben wir die Lenkachsen mit Parabel-Blattfedern und die Hinterachse mit Halbelliptikfedern ausgestattet. In Verbindung mit je zwei hydraulischen Stoßdämpfern arbeiten sie im Team mit den Antriebsaggregaten. Alles zusammen bringt die runde Leistung.

Batteriekasten am Rahmen

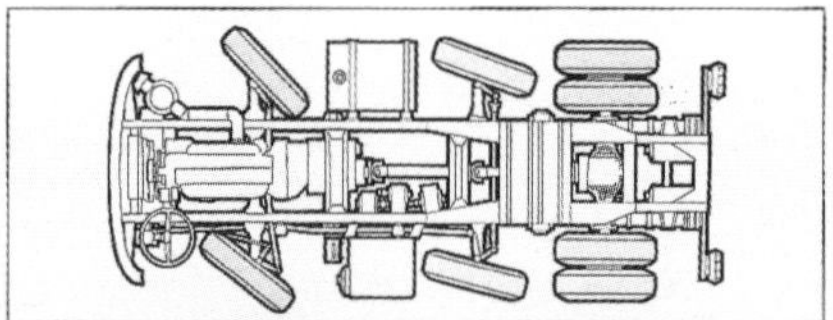

Zwei Lenkachsen – hohe Manövrierfähigkeit, exakte Führung

BS 20 S2

Das Fahrgestell im besonderen

Damit der Fahrer auch mit dem Lenken leichtes Spiel hat, unterstützt ihn die Kugelmutter-Hydrolenkung bei der Arbeit.
Das Getriebe ist ein Allklauen-Schaltgetriebe mit 6 Vorwärtsgängen und einem Rückwärtsgang. Wenn Sie es brauchen und wünschen, verdoppelt sich die Anzahl der Gänge. Mit dem dafür vorgesehenen Gruppengetriebe.
Damit das Kuppeln ebenso wenig wie Lenken oder Schalten zum Kraftakt wird, ist die Zweischeiben-Trockenkupplung hydraulisch zu betätigen. Und mit Druckluft unterstützt.
Noch ein paar Fakten zum Fahrgestellrahmen. Er ist ein verwindungsfester Leiterrahmen. Genietet und geschraubt. Mit angeschraubten Federböcken. Durch die Rahmenverstärkung ist ein Hilfsrahmen überflüssig. Was die Rahmenhöhe wirtschaftlich niedrig macht. Und das Leistungsgewicht niedrig hält.
Die Federspur ist 930 mm breit und daher ein wichtiger Sicherheitsfaktor. Zwei eingebaute Stabilisatoren tuen ein übriges. Für die Seitenstabilität des Fahrzeugs. So, wie die durch Druckluft betätigte hydraulische Zweikreis-Bremsanlage für den ganzen Sattelzug.

360 l Kraftstoff

Universell im Einsatz – vom Silo bis zum 8'6" Container

Details aus dem Prospekt für die dreiachsige Zugmaschine BS 20 S2 mit dem 240-PS-Motor.

Letztmalig warb der Prospekt 1969 für den Kipper BS 16 UK. Als treibende Kraft für den 32- oder 36-Tonnen-Kipper-Lastzug arbeitete der U 12 D-Direkteinspritzer mit 240 PS zwischen den Achsen. Die Kolbenböden wurden durch angespritztes Öl, die Auslaßventile durch eingefülltes Natrium gekühlt.

BS 16 SK

**Der BS 16 SK.
Oder was ein 240 PS-Motor alles bringt.**

Zunächst einmal ungewöhnlich viele PS. Für diese Klasse. 240 PS, die wir in unserem Motor S 12 D so angelegt haben, daß das maximale Drehmoment von 86 mkp bereits bei 1300 U/min da ist.
Lassen wir das Diagramm sprechen: Das Drehmoment bleibt mit steigender Drehzahl über einen weiten Drehzahlbereich nahezu konstant. Mit anderen Worten heißt das: Elastizität, Sparsamkeit und ein langes Motorleben.
Der BS 16 SK wäre kein Büssing, wenn die Kraft, die der 12,3-l-Direkteinspritzer bringt, nicht ideal an die Räder weitergegeben würde. Das AK 6-80-Getriebe hat 6 Vorwärtsgänge. Die hydraulische Zweischeiben-Trockenkupplung wird unterstützt. Mit Druckluft. Damit der Fahrer beim Schalten leichtes Spiel hat.
Wenn Ihr BS 16 SK unter besonders extremen Bedingungen arbeiten muß, können Sie ihn auf Wunsch mit einem Gruppengetriebe und elektropneumatisch betätigter Differentialsperre bekommen.
Unter einer starken Maschine verstehen wir eben auch die Aggregate, die mit dem Motor aufs engste zusammenarbeiten. Diese Zusammenarbeit bringt letztlich ja die Leistung des gesamten Lkw.

Rundumsicht

240-PS-Motor S 12 D

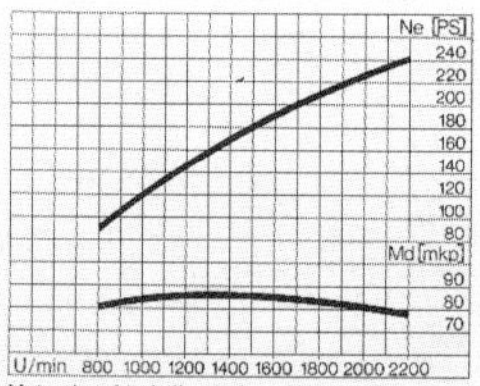

Motorcharakteristik: stark und elastisch

Um Kunden zu gewinnen, die weiterhin den Diesel stehender Bauart bevorzugten, war Büssing bis zuletzt gezwungen, zwei Motor-Baureihen anzubieten. Hier der Allradkipper BS 16 SK mit 240-PS-Diesel.

BÜSSING

Kipper, Pritschenwagen, Sattelzugmaschinen, Linienbusse, Reisebusse

BS 15 AK
Allradkipper

BS 15 AK

bleibt beim Abkippen fest auf den Rädern

Der Rahmen ist stabil und verwindungselastisch. Ein Hilfsrahmen ist nicht erforderlich. Der vordere Kippträger lagert in wartungsfreien, neuentwickelten Gummielementen, die alle Zwangsverspannungen ausgleichen. Die Hinterachse und die geteilte Vorderachse sind mit Blattfedern und Stoßdämpfern ausgerüstet, die Hinterachse außerdem mit Zusatzfedern, die von Zusatzfederböcken geführt werden.
Sie verleihen dem Fahrzeug hohe Seitenstabilität. Das Vorder- und Hinterrad einer Seite können z. B. um 450 mm höher stehen, dennoch läßt sich die Pritsche mit voller Nutzlast abheben, ohne jede Kipp- und Bruchgefahr.
Die Kupplung wird hydraulisch betätigt, das Zweigang-Verteilergetriebe (Straße 1:1, Gelände 1:1,6) und die Differentialsperren werden pneumatisch geschaltet. Allradantrieb und Geländegang lassen sich unabhängig voneinander einlegen. Programmschaltung für Allradantrieb und für Differentialsperren verhindern Schaltfehler.

BS 15 AK mit Ladekran

BS 15 AK für Straßenbauämter

BS 15 AK im Erdbau

Prospekt für den Allradkipper BS 15 AK. Die durchbrochene Vorderfront deutete auf den Kühler des stehenden Motors hin.

BS 16 L

Leistung – mehr als Sie brauchen!

Auf diesen Motor sind wir stolz. Nicht weil er 240 PS stark ist, oder wegen der leicht auswechselbaren, nassen Zylinderlaufbüchsen – die Gesamtkonzeption ist entscheidend. Der 6-Zylinder-Direkteinspritzer U 12 D ist härtesten Dauerbelastungen gewachsen. Die Kurbelwelle aus Chrom-Molybdänstahl ist gesenkgeschmiedet. Die Zapfen extra gehärtet und mikrofinish bearbeitet. Sie läuft in 7 Dreistofflagern. Für einwandfreie Wärmeabführung sorgen die nassen Zylinderlaufbüchsen, Kolbenbodenkühlung durch Anspritzen mit Öl, natriumgefüllte Auslaßventile, Ölwärmetauscher und die insgesamt sorgfältig abgestimmte Kühlanlage. Das max. Drehmoment von 86 mkp bei 1300 U/min bleibt über fast den gesamten Drehzahlbereich konstant. Das spricht für starkes Durchzugsvermögen auch in den oberen Gängen. Einer der Gründe dafür, daß der BS 16 L in der Ebene und am Berg so flott durchzieht. Seine 240 PS gibt der 12,3 l-Motor bei 2200 U/min ab. Insgesamt: ein lebendiger, elastischer Motor mit Reserven.

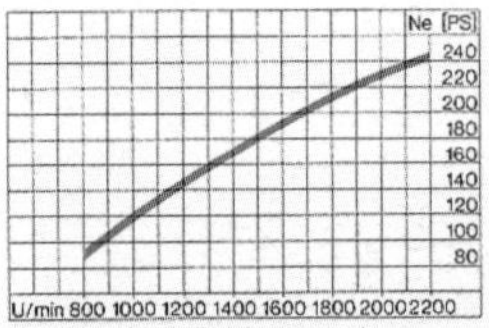

Motorcharakteristik: leistungsstark

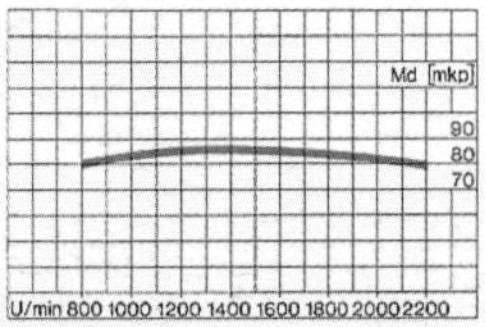

elastisch

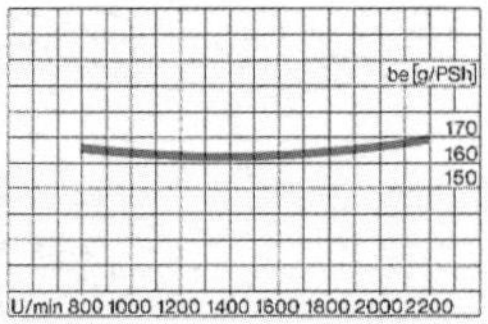

sparsam

BÜSSING

Pritschenwagen, Sattelzugmaschinen, Kipper, Linienbusse, Reisebusse

BS 16 L

Pritschenwagen

Ein klassischer Büssing-Pritschenwagen war der BS 16 L. Die Vorderpartie des »Spezialisten für den Fernverkehr« war hier mit dem emaillierten Büssing-Emblem und dem aufgesetzten Büssing-Schriftzug und einem teilweise verchromten Lufteinlaß geschmückt.

bis 640 l Kraftstoff (Extra)

Trilexräder (Extra)

Auf dieser Abbildung ist zu erkennen, daß das Getriebe durch den rechts am Rahmen liegenden Diesel etwas außermittig eingebaut

BÜSSING

Pritschenwagen, Sattelzugmaschinen, Kipper, Linienbusse, Reisebusse

BS 22 L

Pritschenwagen

Schwerstes Kaliber der Fernverkehrs-Pritschen-Dreiachser war der schließlich 320 PS starke BS 22 L mit Schleppachse.

BS 22 L

Kraft und Tempo = hohe Transportleistung

Das ist ein 3-Achser, den Sie kennenlernen müssen: Alle Vorteile des erfolgreichen BS 16 L, aber mehr Nutzlast.
Das macht die dritte Achse, eine Nachlaufachse.
Dieser 22-Tonner ist stark, 240 PS stark. Ohne Mehrkosten 10 PS mehr als üblich. Das merken Sie am Berg, am Tempo.
Innerhalb der ISO-Norm: 9220 mm Gesamtlänge mit Fernverkehrsfahrerhaus mit 2 bequemen Schlafliegen, 7-m-Pritsche x 2380 mm Breite, genau 16,6 qm Ladefläche oder: Richtig für Wechselpritschen und 20-Fuß-Container. Noch wichtiger, die serienmäßigen Extras ohne Mehrkosten, z. B. die abnehmbaren mittleren und hinteren Eckrungen, die das Laden erleichtern und beschleunigen.
Wieviel Zeitgewinn aber bringt erst der Unterflurmotor mit seinen Wartungsvorteilen!
Mit diesem Fahrzeug schaffen Sie mehr Tonnenkilometer, haben Sie mehr Gewinn. Kleinigkeiten! Aber sie summieren sich.

6-t-Nachlaufachse, Einzelradaufhängung

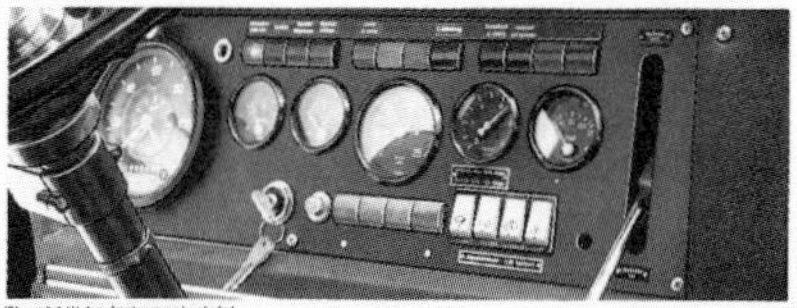

Übersichtliche Instrumententafel

BS 22 L

Kraft – mehr als Sie brauchen

Auf diesen Motor sind wir stolz, nicht weil er 240 PS stark ist oder wegen der leicht auswechselbaren Zylinderlaufbüchsen – die Gesamtkonzeption ist entscheidend. Der 6-Zylinder-Direkteinspritzer U 12 D ist härtesten Dauerbelastungen gewachsen. Die Kurbelwelle gesenkgeschmiedet, mit extra gehärteten und mikrofinish bearbeiteten Zapfen, läuft in 7 Dreistofflagern. Für einwandfreie Wärmeabführung sorgen Kolbenbodenkühlung durch Anspritzen mit Öl, natriumgefüllte Auslaßventile, Ölwärmetaucher und die insgesamt sorgfältig abgestimmte Kühlanlage. Das max. Drehmoment beträgt 86 mkp bei 1300 U/min. Volle Leistung bei 2200 U/min. Zwei Achsübersetzungen stehen zur Verfügung. Mit Übersetzung 6,7 erreicht der BS 22 L eine Spitze von 92 km/h. Der volle Zug steigt fast 15 %. Mit Gruppengetriebe erhöht sich das Steigvermögen auf 17 %. Mit Übersetzung 7,4 haben Sie 16,4 % (mit Gruppe 19 %) Steigfähigkeit beim 38-t-Zug und 84 km/h Spitze.

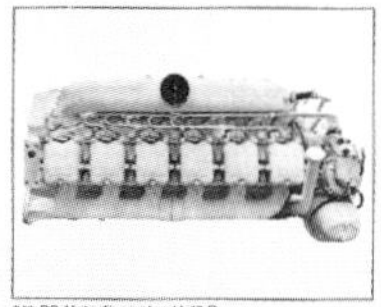

240-PS-Unterflurmotor U 12 D

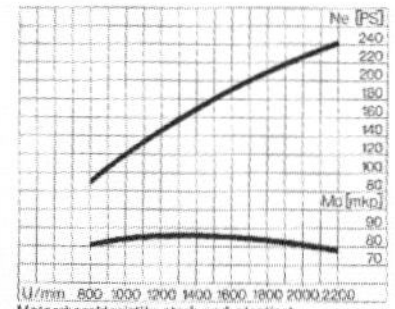

Motorcharakteristik: stark und elastisch

Aufgrund ihrer dreißigjährigen Erfahrung im Unterflur-Motorbau konnte die Firma Büssing überzeugend für die niedrigen Phonwerte im Fahrerhaus und für die Vermeidung der Aufheizung durch den Motor werben. Wie es hieß, gab es keine lästigen Gerüche durch Motor, Säure oder Gase.

Nachdem die Lepoix-Fahrerhäuser auch im MAN-Büssing-Übergangsprogramm verschwunden waren, kamen sie bei den türkischen MAN-Fahrzeugen der Manas-Gesellschaft zur Verwendung.

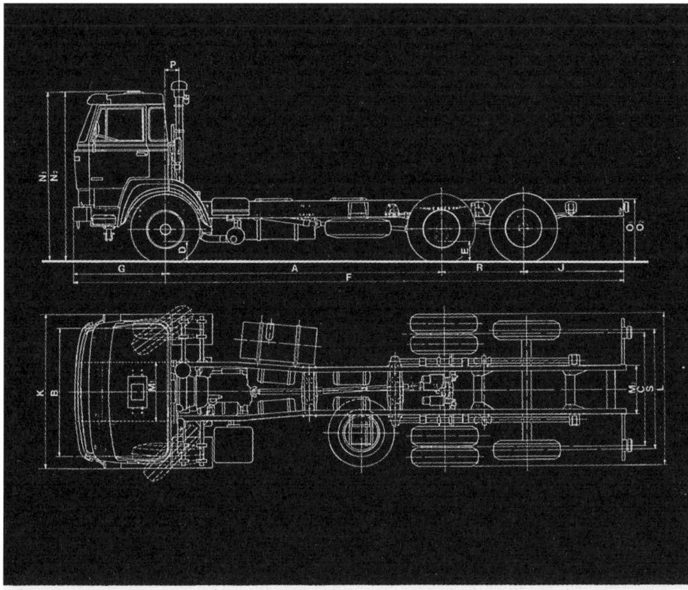

MAN

26.240 FN (6x2)

ÖLÇÜLER (mm)

A+R	Dingil mesafesi	4500+1320
B	Ön iz açıklığı	2063
C	Arka iz açıklığı	1800
D	Serbest yükseklik, ön	323
E	Serbest yükseklik, arka	373
F	Tam boy	9020
G	Ön sarkıntı	1500
J	Arka sarkıntı	1700
K	Azami Genişlik	2500
L	Arka dış tekerlek azami genişliği	2456
M1	Şasi ön kirişi genişliği	940
M2	Şasi arka kirişi genişliği	760
N	Azami yükseklik, yüksüz	2850
O	Şasi kiriş yüksekliği, yüksüz	1220
S	İlave aks iz açıklığı	1900
S	" " " " (çift lastikte)	1800

AĞIRLIK (kg)

Boş ağırlık	7350
Ön aks boş ağırlığı	4000
Arka akslar boş ağırlığı	3350
Ön aks yüklü ağırlığı	6500
Arka akslar yüklü ağırlığı	19000
Azami yüklü ağırlık	25500

İMALATÇISI

MAN KAMYON VE OTOBÜS SANAYİ A.Ş.

İSTANBUL TELEFON: (1) 567 07 10 (8 Hat) TELEFAX: 567 05 30 TELEX: 22 367 MAN-tr.

ANKARA TELEFON: (4) 324 31 00 (5 Hat) TELEFAX: 324 57 20

Metin ve resimler bağlantısız olup tekâmül nedeniyle değiştirilme hakkı mahfuzdur.

Aus einem Prospekt für Kunden in der Türkei: Die Ausführung 26.240 (6x2) war mit stehendem MAN-Diesel und Einheits-Antriebsachse versehen.

Sattelzüge erfreuen sich im Vorderen Orient großer Beliebtheit. Mit 210 und 280 PS stattete Manas die Zugmaschinen aus. In den Grill der kippbaren Fahrerhäuser war der MAN-Rahmen mit dem Braunschweiger Welfenlöwen und den MAN-Buchstaben eingelassen.

ÖN AKS
M.A.N V7-70L model, yüksek kaliteli çelikten dövüimüş (I) profilinden 6,5 ton kapasiteli, ağır hizmet tipi.

ARKA ARKS
En yeni teknolojiye göre ve ağır hizmet için geliştirilmiş, M.A.N AP-H7-13120 tipi, 13 ton kapasiteli, dıştan planet dişli ve redüksiyonlu.

JANTLAR
6+1, 8.0-20, Düz Tip.

LASTİKLER:
6 + 1, 12.00-20.

SÜSPANSİYON
Önde: Yarı eliptik ön makaslar, lastik ve hidrolik çift tesirli teleskopik amortisörlerle takviye edilmiş süspansiyon.

Arkada: Takviyeli yarı eliptik makaslar.

FRENLER
Basınçlı hava ile çalışan, frenleme kuvvetini aks yüklerine göre otomatik olarak ayarlayan çift devreli fren sistemi. Otomatik balata aşınma ayarlı.

Servis Freni	:	Ayak kumandalı, bütün tekerleklere etkilidir.
El Freni	:	Arka tekerleklere mekanik olarak tesir eder, hava kumandalıdır.
İmdat Freni	:	Havanın boşalmaya başlaması ile otomatik olarak devreye girer, arka tekerleklere etkili.
Motor Freni	:	Hava kumandalı, sessiz çalışır. Püskürtme pompası ve egzost manifolduna etkili.

YAKIT TANKI
300 litre kapasiteli yakıt tankı.

ELEKTRİK DONANIMI
24 voltluk merkezi elektrik sistemi. Alternatör 28 V / 35 A (980 W), 150 amper saatlik 2 adet akümülatörle donatılmıştır. Akü ana şalteri.

PERFORMANS

Azami hız	:	104 Km/h
Azami tırmanma yeteneği	:	%25 (Katar ağırlığı ile)
Arka aks tahvil oranı	:	5,22

Details des MAN-Büssing 19.281 FS.

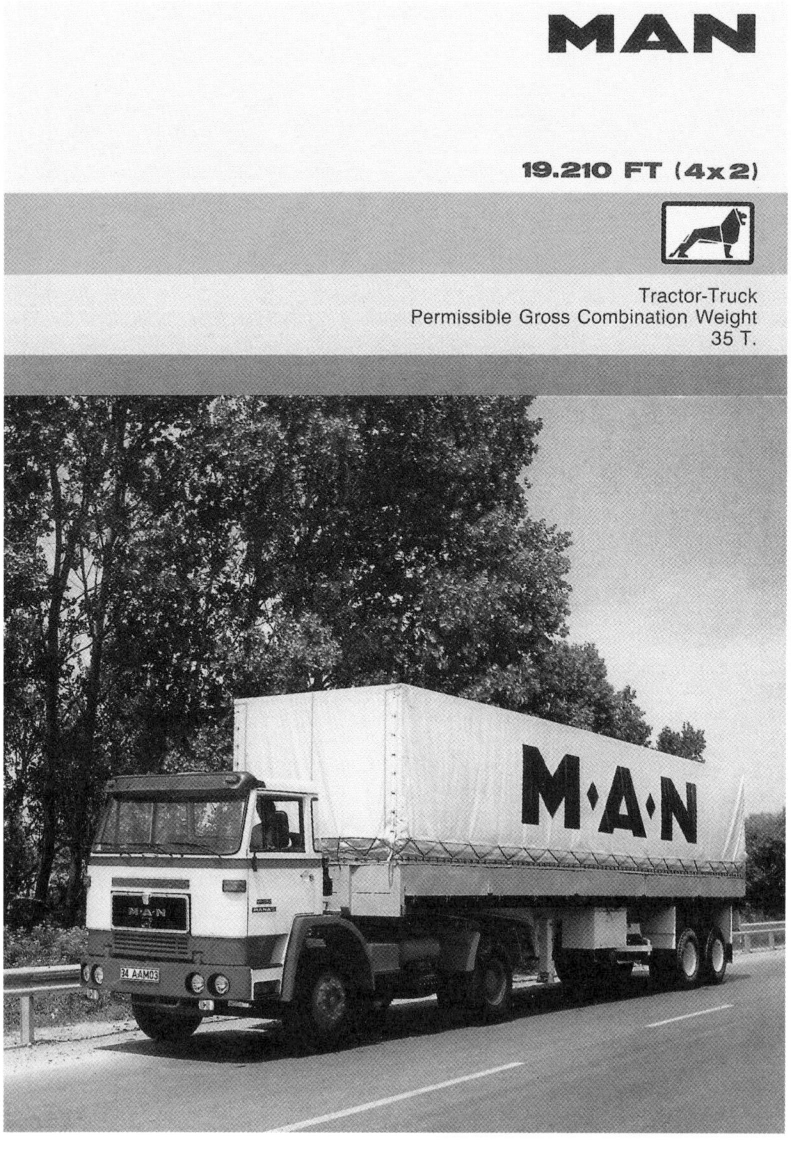

Büssing-MAN 19.210 FT. Dieser Prospekt für den 35-Tonner ist in Englisch abgefaßt, um Kunden in verschiedenen Ländern des Vorderen Orients einheitlich anzusprechen.

Technische Details zum Büssing-MAN 19.210 FT, obwohl in englischer Sprache mit metrischen statt Zollmaßen.

SUSPENSİON
Front: Semi-elliptic heavy duty leaf springs with rubber pads and double acting telescopic shock absorbers.
Rear : Semi-elliptic heavy duty leaf springs with progressively acting auxiliary semi-elliptic leaf springs.

WHEELS
(6 + 1) Disc wheels 8.0-20 (Optional trilex wheels 8.5-20)

TYRES
(6 + 1) Tyres 12.00-20 × 18 PR (Optional 12.00-24)

FUEL TANK
300 liters capacity. Located on the right hand side.

ELECTRICAL SYSTEM
Starter : 24 Volt (Starter interlock relay)
Alternator: 28 V- 35 A (Over voltage protection)
Batteries : 2 × 12 V-120 Ah. (Battery main switch)

GEAR BOX POSITIONS		1 st Gear	2 nd Gear	3 rd Gear	4 th Gear	5 th Gear	6 th Gear	Reverse
Speeds (km/h)	Slow	8.3	14.5	23.9	36.1	52.1	75.1	8.8
	Fast	9.9	17.3	28.6	43.4	62.5	90.4	10.6
Gear Box Ratios	Slow	9.00	5.18	3.14	2.08	1.44	1.00	8.45
	Fast	7.52	4.33	2.62	1.73	1.20	0.83	7.05

PERFORMANCE
Max. Speed : 90.4 km/h
Max. Gradeability: 18.8 % (For 35 t. G.C.W)
Rear axle ratio : 5.92

Schrader-Motor-Chronik

Deutsche Haubenlastwagen
der 50er Jahre

Von Borgward und Büssing bis Krupp und Mercedes-Benz

BERLINER KINDL
BERLINER KINDL BRAUEREI
AKTIENGESELLSCHAFT
BERLIN-NEUKÖLLN
Gaubschat
BERLIN

Schrader-Motor-Chronik

Deutsche Haubenlastwagen

der 50er Jahre

Von Borgward und Büssing bis Krupp und Mercedes-Benz

Eine Dokumentation von Georg Amtmann

Schrader Verlag
spezial

Eine Haftung des Autors oder des Verlages und seiner Beauftragten für Personen-, Sach- und Vermögensschäden ist ausgeschlossen.

ISBN 3-613-87130-0

Ein Unternehmen der Paul Pietsch Verlage GmbH +Co.
1. Spezialausgabe 1999

Lektorat: Joachim Kuch, Halwart Schrader
Gesamtherstellung: Fotolito LONGO, Bozen
Printed in Italy

Inhalt

Vorwort

Dieser Band der Schrader-Motor-Chronik stellt eine Kategorie von Nutzfahrzeugen vor, die schon lange von Fernstraßen und Speditionshöfen verschwunden ist. Lastwagen mit einer mächtigen Motorhaube prägten das Produktionsprogramm der deutschen Industrie im Wiederaufbau und in den Jahren des Wirtschaftswunders, bis die technische Entwicklung und die Gesetzgebung moderne Konzepte herbeiführten.

Mit unserer Auswahl der graphisch interessantesten Dokumente aus dem Archiv von Georg Amtmann wollen wir die Erinnerung an die markantesten Entwürfe dieser Epoche wiederbeleben, ohne eine vollständige Historie der einzelnen Marken und Modelle darzustellen.

Halwart Schrader
Herausgeber

Pritschenwagen Mustang der Krupp-Südwerke, Typ L 70, 145 PS-Zweitakt-Dieselmotor und Motorkompressor.

Deutsche Hauben-Lastwagen der 50er Jahre

Nylons, Zonengrenzen, Halbstarke und die Zigarre von Wirtschaftsminister Ludwig Erhard prägen die Erinnerungen an die ersten Jahre der Bundesrepublik Deutschland zwischen Währungsreform und Mauerbau. Lastwagen mit markanten Motorhauben gehören zu diesem Bild: in der kurzen Zeitspanne von der Kapitulation bis zum Wirtschaftswunder waren sie unentbehrliche Helfer bei der Versorgung mit den knappen Gütern des täglichen Bedarfs und beim Wiederaufbau der zerstörten deutschen Städte.

Jeder Schuljunge konnte das sonore Brummen des schweren Büssing vom charakteristischen Heulen eines Krupp unterscheiden und wußte genau, daß der Kohlenhändler einen Hanomag fuhr, während der örtliche Bauunternehmer seit kurzem einen nagelneuen MAN einsetzte.

Der Nutzfahrzeugbestand der ersten Nachkriegsjahre war gekennzeichnet von einer Vielfalt der Transportmittel, wie man sie sich heute nicht mehr vorzustellen vermag: Lastendreiräder auf Motorradbasis, mit Behelfspritsche umgerüstete Personenwagen und Dreirad-Lieferwagen von Goliath und Tempo bahnten sich ihren Weg durch die von Trümmern notdürftig befreiten Städte. Bei den schweren Lastwagen dominierte noch der Holzvergaser, später kamen mit bescheidenen Mitteln reparierte Militärfahrzeuge oder in aufwendiger Handarbeit wiederbelebte Vorkriegsmodelle dazu. Der Umbau von benzinfressenden Schwergewichten aus dem Bestand der Alliierten auf Dieselantrieb ernährte mehrere Firmen, die deutschen Hersteller griffen auf die wenigen Restbestände zurück, die von der gewaltigen Kriegsmaschinerie des »Dritten Reiches« nach der weitgehenden Zerstörung der Industrie übriggeblieben waren.

Demolierte Werkshallen, beschädigte Maschinen, Reparationen an die allierten Siegermächte oder Materialmangel behinderten die Aufnahme der Produktion, spezialisierte Arbeitskräfte, vom Schlosser bis zum Direktor, waren im Krieg gefallen oder noch in Gefangenschaft. Nur 5.315 Lastwagen verließen im Jahr 1945 die Fabriken in den West-Zonen – der Verlust der Betriebe im Osten Deutschlands, gekappte Verbindungen zu traditionellen Zulieferunternehmen und zerstörte Verkehrswege schlugen sich in der Produktionsstatistik deutlich nieder. Diese ersten Hauben-Lastwagen der Nachkriegszeit trugen oft primitive, aus Holz gezimmerte Fahrerhäuser oder Aufbauten und boten den Chauffeuren nur ein Minimum an Fahr- und Bedienungskomfort. Erst nach der Währungsreform 1948 konnten die Ingenieure wieder neue Konstruktionen auf die Straße bringen und sich von Improvisation oder Behelfslösungen verabschieden. Schon auf der ersten Frankfurter Automobilausstellung 1951 präsentierte sich die deutsche Nutzfahrzeugindustrie mit einem vollständig erneuerten Programm – im gleichen Jahr übertrafen Produktion und Export die Stückzahlen des besten Vorkriegsjahres 1938.

Mit der Aufhebung der Bezugsscheinpflicht, dem Verschwinden alliierter Kontrollen und den ersten Erfolgen der freien Marktwirtschaft begann die glanzvollste Epoche der deutschen Hauben-Lastwagen. Statt kostbare Mangelware an dankbare Empfänger zu verteilen, mußten die Fabrikate jetzt um jeden Kunden kämpfen. Neben Steigerungen von

Diesellastwagen bei MAN auf der Fertigungsstraße im Jahr 1954.

Erstmals wurde 1952/53 in der gesamten Bundesrepublik eine Verkehrszählung durchgeführt, um Unterlagen für Verkehrsplanung und Straßenbau von Bund und Ländern zu gewinnen. Hier kontrollieren Beamte in Zivil den Straßenverkehr auf der Harburger Elbbrücke bei Hamburg.

Motorleistung und Nutzlast gewannen auch komfortable Führerhäuser und stilistische Merkmale an Bedeutung. Das Renommee einer Marke war deutlich mit der Gestaltung und dem Format der Haube verknüpft. Größte Anerkennung genossen trotz motorischer Probleme die Titan von Südwerke-Krupp mit ihrer an den Opel Kapitän erinnernden, mächtigen Frontpartie – ein Erfolg, der sich auch auf die kleineren Fahrzeuge aus Kulmbach und Essen übertrug. Mercedes-Benz orientierte sich mit der beim L 3250 eingeführten Gestaltung ebenfalls an den zeitgenössischen Personenwagen des Hauses wie beispielsweise dem Typ 220 von 1951. Borgward und Büssing demonstrierten mit den hochformatigen, konservativ gestalteten Kühlern norddeutsche Seriosität und Traditionsbewußtsein. Opel und Ford wandten sich nach langem Festhalten an den Vorkriegsentwürfen natürlich einer von den amerikanischen Mutterfirmen und ihren Produkten geprägten Linie zu – einer Stilrichtung, die Hanomag auf dem deutschen Markt einführte und der später auch Borgward mit einer »Alligatorhaube« folgte. Faun und Kaelble pflegten – ebenso wie MAN – eine nüchterne, sachliche Gestaltung, wobei die Lastwagen und Zugmaschinen dieser Spezialisten oft durch ihre beeindruckenden Dimensionen in Erinnerung blieben. Einen völlig eigenständigen Entwurf lieferte Magirus mit der einzigartigen Rundhauber-Karosserie, die wie die Henschel jener Epoche und der ab Mitte der fünfziger Jahre gebaute MAN 400 bereits eine Verkürzung der monströsen Hauben angekündigten.

Abwechslungsreich wie die Gestaltung der Hauben war auch die Formensprache der Firmensymbole – besonders dominant traten Borgward mit dem Rhombus, Magirus-Deutz mit dem stilisierten Ulmer Münster und Henschel mit dem sechszackigen Stern auf. Mercedes-Fahrer dokumentierten die Loyalität zur Marke durch einen großen Chromstern, den Sie zusätzlich an das Kühlergitter ihres »dicken Brummers« schraubten. Der Braunschweiger Löwe eines Büssing, die drei Ringe bei Krupp oder das Wappen von Faun waren in der Blütezeit der Haubenlastwagen ebenfalls ein Begriff.

Der wachsende Verkehr im aufstrebenden Deutschland der Wirtschaftswunderzeit wurde immer wieder durch schleppende Abfertigung an der Grenze zu Ostdeutschland lahmgelegt. Picknick an der Autobahn war an der Tagesordnung.

Ende der 50er Jahre verschwanden Haubenfahrzeuge, wie z.B. dieser Magirus-Deutz, zugunsten der Frontlenker, die besser den technischen und gesetzlichen Anforderungen gerecht wurden.

Bereits Mitte der fünfziger Jahre deutete sich indessen eine Abkehr vom traditionellen Bauprinzip an: die technische Entwicklung und gesetzliche Bestimmungen zur Fahrzeuglänge und zum Leistungsgewicht forcierten die Frontlenkermodelle, die zuerst nur als Sonderaufbauten unabhängiger Karosseriehersteller vorkamen. Schon 1960 dominierte diese Aufbauart in den Serienprogrammen aller Fabrikate, nach einem weiteren Jahrzehnt waren die Haubenwagen mit Ausnahme von Baustellenfahrzeugen aus den Preislisten gestrichen.
Zeitgleich mit dem Verschwinden der Haubenfahrzeuge bahnte sich ein dramatischer Konzentrationsprozess der Lastwagenhersteller an. 1961 stellte die Kölner-Ford-Filiale nach dem mißglückten Experiment mit dem 2-Takt-Diesel die Herstellung von schweren Nutzfahrzeugen ersatzlos ein. Im gleichen Jahr brach das Imperium von Carl F.W. Borgward in Bremen zusammen. Rheinstahl-Hanomag übernahm die Bremer Werke und 1965 auch die Marke Tempo in Hamburg-Harburg. 1969 entstand aus dem

Dorfwirtshäuser und Autobahnraststätten waren das Zentrum der Fernfahrerromantik der 50er Jahre.

Zusammenschluß mit Henschel die Marke Hanomag-Henschel, die bereits 1970 vollständig von Daimler-Benz übernommen wurde und 1974 endgültig unterging. 1968 gab Krupp die Fahrzeugherstellung für immer auf, im gleichen Jahr stieg MAN bei Büssing ein und gönnte der Braunschweiger Traditionsmarke noch bis 1971 eine eigenständige Existenz.

1975 wurde Magirus-Deutz zusammen mit Lancia, OM und Unic in die von FIAT dominierte IVECO integriert. Opel stellte die Produktion des Blitz ein und zog sich damit aus der Lastwagenklasse zurück. Kaelble und Faun verabschiedeten sich schon 1963 bzw. 1967 von der Fabrikation von Straßenlastwagen, so daß zwei Jahrzehnte nach ihrem Höhepunkt die deutsche Lastwagenindustrie nur noch von den dominierenden Marken Mercedes-Benz und MAN vertreten wurde. Der Vielfalt der Hersteller verschwand in dieser Epoche nicht nur in Deutschland: auch in Italien, Frankreich und Großbritannien gingen traditionsreiche Häuser in immer größeren Einheiten auf, bis neben kapitalstarken Massenproduzenten nur noch Spezialisten übrigblieben.

Der Abschied vom »konservativen« Haubenlastwagen wurde wohl nicht ausschließlich durch technische Entwicklungen und gesetzliche Bestimmungen beschleunigt: die Tatsache, daß nur noch wenige Hersteller um Marktanteile kämpften, machte eine aufwendige optische Differenzierung überflüssig. Internationale Zusammenarbeit – wie die nicht immer sehr erfolgreichen Allianzen von Henschel mit Commer und Saviem, Büssing mit OM oder MAN und Saviem – trieb die Vereinheitlichung voran. Gab einst der stolze Fuhrunternehmer noch dem regionalen Fabrikat den Vorzug, unterschieden sich im Zeitalter der standardisierten Führerhäuser viele Fabrikate nur noch durch den Firmenschriftzug.

Der Wandel in der Industrie und der Fahrzeuge führte auch zu einschneidenden Veränderungen im Bild des Fernfahrers. Der »Kapitän der Landstraße« mit Schirmmütze und Zigarette im Mundwinkel war in den fünfziger Jahren für viele ein Traumberuf. Mit kräftigen Händen drehte er souverän am großen Lenkrad, sein Blick ging über die mächtige Motorhaube in scheinbar unbegrenzte Weiten. In einer Zeit, in der Reisen von Stadt zu Stadt durch Zonengrenzen behindert waren und eine Auslandsreise nicht vorstellbar war, bot das Führerhaus als Arbeitsplatz eine erstrebenswerte Perspektive. Das Straßennetz der jungen Bundesrepublik entsprach in keiner Weise dem rasant wachsenden Verkehr. Da das Autobahnnetz noch große Lücken und auch Kriegsschäden an bedeutenden Brückenbauten aufwies, wickelte sich der Fernverkehr überwiegend auf schmalen Landstraßen ab. Tag und Nacht quälten sich die massigen Haubenlastzüge durch enge Ortsdurchfahrten, trotz des geringen Verkehrsaufkommens war Kolonnenbildung an der Tagesordnung, wenn ein schweres Gespann mit zwei Anhängern an einer Steigung ins Schrittempo verfiel. Schlaglöcher, notdürftig geflickte Frostaufbrüche oder Kopfsteinpflaster malträtierten Fahrzeug und Besatzung, Reifenpannen und kleine technische Defekte traten deshalb häufig auf und mußten mit viel Improvisationskunst selbst an Ort und Stelle behoben werden. Beneidenswert war, wer schon über eine Schlafkoje verfügte, in der sich der Beifahrer beim gleichmäßigen Brummen des Dieselmotors für wenige Stunden zur Ruhe legen konnte.

Dorfwirtshäuser, Raststätten und Autohöfe mit eigenen Fernfahrerhotels, wo die Chauffeure in ihren karierten Hemden mächtige Portionen und oft mütterliche Betreuung erhielten, waren das Zentrum der Fernfahrer-Romantik jener Jahre. Einträchtig standen hier auf dem Parkplatz die Hauben-Lastwagen zu Dutzenden in Reih und Glied. Der kantige Büssing neben dem modernen Krupp-Thermoszug, der Mercedes mit der verchromten Kühlermaske neben dem MAN mit mächtigen Peilstäben. Zwischen einem Henschel-Möbelwagen und einem Magirus-Rundhauber drängelten sich die »kleinen« Ford FK 3500, Borgward und Hanomag, sogar der rare Faun oder Kaelble mit dem Leuchtschild »Ferntransport« war dabei. Der »Kapitän der Landstraße« ist heute in Europa ebenso Geschichte wie der klassische Haubenlastwagen.

»Hallo – ist das der neue Borgward?« – Diese Frage stand auf der Titelseite des rechts abgebildeten Prospekts für den im Juli 1950 eingeführten B 4000. Lediglich kleine Detailveränderungen (u. a. Scheibenwischer, Stoßstange und Ausstellfenster) unterschieden den 4-Tonner vom Vorgängermodell. Der Schriftzug »Diesel« wies auf das bereits seit 1949 im B 3000 D installierte, hauseigene Dieselaggregat mit 85 PS hin.

Die Carl F. W. Borgward GmbH begann die Nachkriegsfertigung in Bremen mit dem 3-Tonner B 3000 S mit Sechszylinder-Vergasermotor und 78 PS, der schon ab Juli 1945 im Werk Sebaldsbrück montiert wurde. Das Führerhaus und die Frontmaske des 1942 erstmals hergestellten Lastwagens prägten das Bild der großen Borgward-Lastwagen bis zum Ende der Produktion im Jahr 1961.

Die Haube mit dem markanten Rhombus hinter den Gitterstäben war das Erkennungszeichen des seit 1953 gebauten B 4500, der mit der Typenbezeichnung B 555 bis 1961 hergestellt wurde. Optik und Motorisierung (95 PS, ab 1957 110 PS) entsprachen dem Modell B 4000.

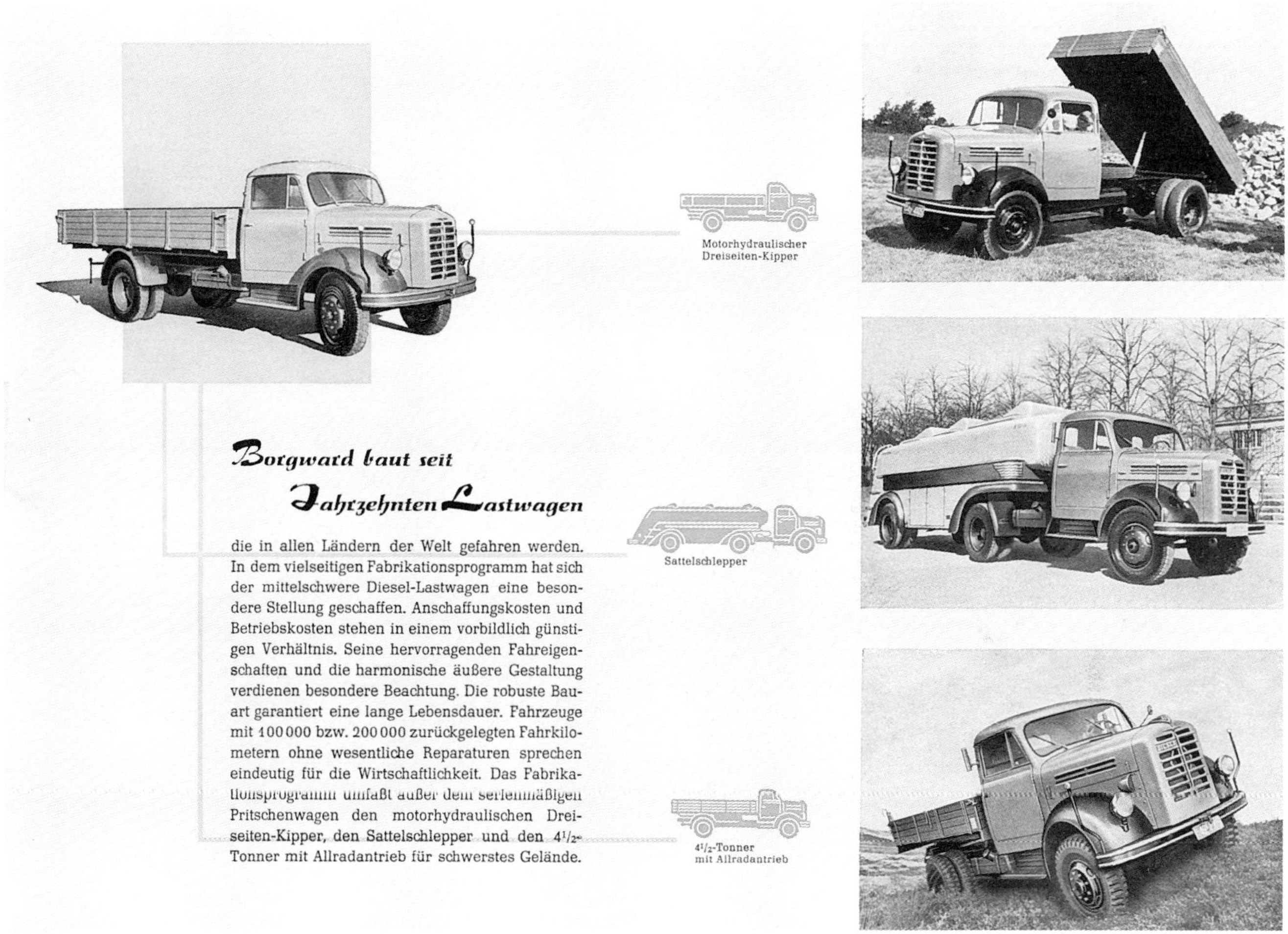

Borgward baut seit Jahrzehnten Lastwagen

die in allen Ländern der Welt gefahren werden. In dem vielseitigen Fabrikationsprogramm hat sich der mittelschwere Diesel-Lastwagen eine besondere Stellung geschaffen. Anschaffungskosten und Betriebskosten stehen in einem vorbildlich günstigen Verhältnis. Seine hervorragenden Fahreigenschaften und die harmonische äußere Gestaltung verdienen besondere Beachtung. Die robuste Bauart garantiert eine lange Lebensdauer. Fahrzeuge mit 100000 bzw. 200000 zurückgelegten Fahrkilometern ohne wesentliche Reparaturen sprechen eindeutig für die Wirtschaftlichkeit. Das Fabrikationsprogramm umfaßt außer dem serienmäßigen Pritschenwagen den motorhydraulischen Dreiseiten-Kipper, den Sattelschlepper und den 4½-Tonner mit Allradantrieb für schwerstes Gelände.

Motorhydraulischer Dreiseiten-Kipper

Sattelschlepper

4½-Tonner mit Allradantrieb

»Für schwersten Betrieb in unwegsamem Gelände, Kiesgruben oder an steilen Hängen ist es notwendig, einen Lastwagen zu besitzen, der einwandfrei allen gestellten Ansprüchen genügt. Hier reicht der alleinige Hinterachsenantrieb nicht aus...« So umschrieb der Prospekt von Juni 1956 den Sinn der Allradversion des B 4500.

Borgward hatte mit dem B 4500 A wohl die neuentstandene Bundeswehr im Visier, konnte sich aber in dieser Klasse nicht durchsetzen.

Im Dezember 1947 nahm Borgward den kleinen B 1000 wieder ins Programm. Der Eintonner war ursprünglich 1939 entstanden und bis 1943 in der Fertigung. Während dieser Typ in Optik und Ausstattung stark am mageren Standard der Kriegsjahre orientiert war, bot der hier gezeigte und 1949 eingeführte Nachfolger B 1250 bereits einen Hauch von Wirtschaftswunder.

In zwei Schritten wurde der kleine Borgward gegen die Konkurrenz aufgerüstet. Ende 1951 erhielt der B 1250 ein an den größeren Modellen orientiertes Fahrerhaus, im Sommer 1952 folgte der 1 1/2-Tonner B 1500 mit den 1,8-Liter-Motoren des Borgward Hansa (wahlweise Benziner oder Diesel).

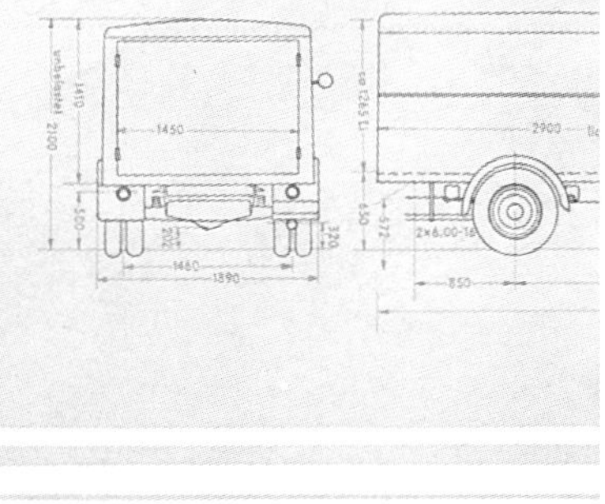

Bei einem evtl. Reifenwechsel zeigt sich der Vorteil der praktischen und vor allem sicheren Unterbringung des Reserverades unterhalb des Aufbaues.

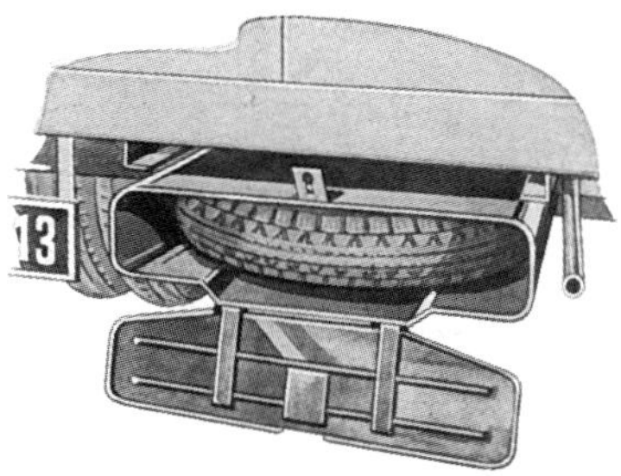

Für empfindliches Ladegut ist der Kofferwagen ein nahezu idealer Lieferwagen mit einem Laderaum, der bequem von der Seite und durch die hintere Doppeltür beladen werden kann. Auch der Kofferwagen kann in 2 Radständen, 3,2 oder 3,6 m, geliefert werden.

FAHRERHAUS MIT KLIMA-ANLAGE

Ein Fahrerhaus dient heute nicht allein als Wetterschutz; es ist bequemer und behaglicher eingerichtet, so daß man sich darin zu jeder Jahreszeit wohlfühlt. Dafür sorgt nicht zuletzt die serienmäßig eingebaute Klima- und Defrosteranlage. Die Sitze sind gut gepolstert und mit geschmackvollem Kunstleder bezogen. Die Fahrbahnübersicht ist sehr günstig. Die Instrumente sind gut kontrollierbar. Die Anstellfenster in den Türen sorgen für eine zugfreie Entlüftung.

Der Pritschenwagen ist auch mit Plane und Spriegel sowie mit

Die letzte Variante der Hauben-Borgward war der ab 1954 gebaute B 1500 mit seiner an amerikanischen Vorbildern orientierten Frontpartie. Alligatorhaube, breiter Kühlergrill mit integrierten Scheinwerfern und ein dem Hansa entlehnter Rhombus sorgten für eine moderne Optik.

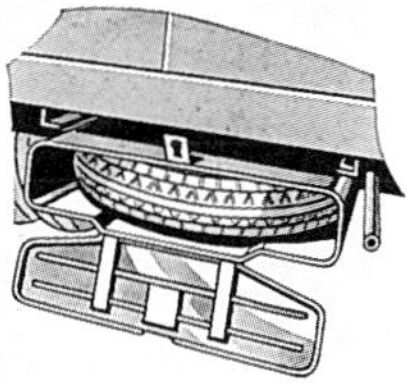

Bei einem evtl. Reifenwechsel zeigt sich der Vorteil der praktischen und vor allem sicheren und sauberen Unterbringung des Reserverades unterhalb des Aufbaus.

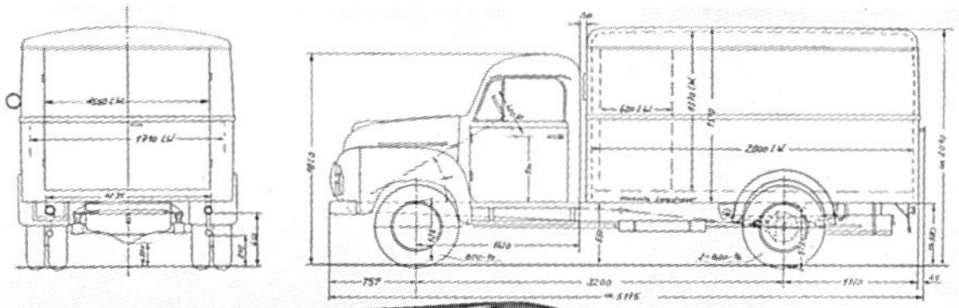

Für empfindliches Ladegut ist der Kofferwagen geradezu ideal. Infolge seiner Zugängigkeit durch zwei breite Hintertüren und eine Seitentür ist es möglich, Waren, auch ohne eine bestimmte Reihenfolge einzuhalten, zu entladen.
Ein weiterer Vorteil des Kofferwagens darf nicht übersehen werden: Er ist Ihre fahrende Visitenkarte und ein Werbeträger, der durch geschmackvolle Farbgebung und Beschriftung eindrucksvoll auf die Bedeutung Ihrer Firma hinzuweisen geeignet ist.

Der ursprünglich mit 42-PS-Dieselmotor des Hansa ausgerüstete B 1500 konnte sich nicht gegen die starke Konkurrenz und die 1957 eingeführten Borgward-Frontlenker durchsetzen. Daran änderte auch die Motorisierung mit der 60-PS-Maschine der Isabella nichts. Ende 1960 wurde die Produktion der seit 1959 als B 511 geführten kleinen Hauben-Borgward eingestellt.

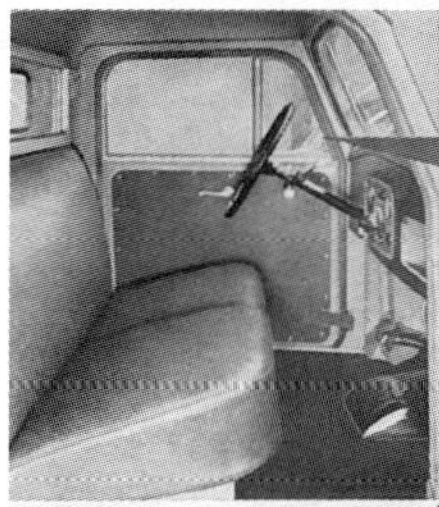

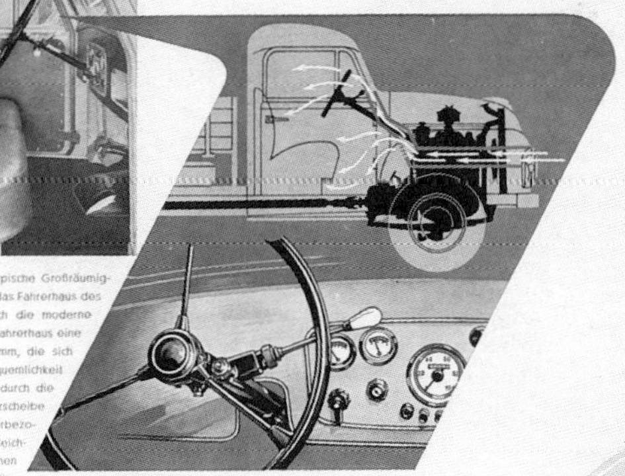

Der Borgward 1⅓ To Schnell-Lastwagen ist mit e… 1,5 Liter Otto-Motor (60 PS) ausgerüstet und ist dam… besonders schnelles und leistungsstarkes Fahrzeug. … Motor arbeitet zuverlässig, ist sehr laufruhig und ve… dem Fahrzeug ein vortreffliches Anzugs- und Besc… nigungsvermögen.
Dieser Motor, der im Typ „Isabella" in Mexiko vor … Welt seine Feuerprobe anläßlich der Carrera 1954 be… den hat, ist von außerordentlicher Zugkraft infolge e… günstigen Drehmomentenverlaufs und als 1,5 l-Masc… sehr wirtschaftlich. Die Höchstgeschwindigkeit von 90 … wird spielend erreicht. Die maximale Steigfähigke… 1. Gang beträgt 24 %.

Die für Borgward-Pkw typische Großräumigkeit wurde nun auch auf das Fahrerhaus des B 1500 übertragen. Durch die moderne Formgebung erfährt das Fahrerhaus eine Verbreiterung von 100 mm, die sich praktisch auf die Sitzbequemlichkeit und eine bessere Sicht durch die verbreiterte Windschutzscheibe auswirken. Die kunstlederbezogenen Sitze wurden gleichzeitig vertieft, um durch einen guten Knieschluß ein ermüdungsfreies Fahren auch auf langen Strecken zu gewährleisten.

Das vollsynchronisierte Viergang-Getriebe mit Lenkradschaltung erhöht den Fahrkomfort derartig, daß der Eindruck herrscht, in einem Pkw zu sitzen. Die Ausbildung der Handbremse als Stockbremse schafft freien Raum für die Beifahrer. Die Beförderung von 3 Personen wurde daher für das Fahrerhaus des 1,5 to Schnell-Lastwagens amtlich genehmigt. Zu jeder Jahreszeit sorgt eine serienmäßig eingebaute Klima- und Defrosteranlage für eine angenehme Temperatur. Die Heizung ist regelbar.

Die Alligatorhaube erlaubt es, ungehindert an alle Aggregate des Motors heranzukommen. Durch Kettenzug wird die Kühlerjalousie betätigt, die zur kalten Jahreszeit ein schnelles Erreichen der Betriebstemperatur gestattet, die dann von dem Thermostat gehalten wird.

Büssing 5000 S

Die seit 1903 bestehende Lastwagenfabrik in Braunschweig konnte bereits am 2. Mai 1945 – also fünf Tage vor der Kapitulation des deutschen Oberkommandos – die Fabrikation in eingeschränktem Umfang wieder beginnen.

Abmessungen und Leistungen:

Typ 5000 S	
Motor	6-Zylinder BÜSSING-NAG
Diesel	Typ LD
Bohrung 110 mm	Hub 130 mm
Zylinder	Inhalt 7,4 Ltr.
Leistung	105 PS bei 1800 Umdr./min.
Fahrgestell-Gewicht	ca. 4 100 kg
Gesamtgewicht	ca. 10 600 kg
Tragfähigkeit	ca. 6 500 kg
Nutzlast	ca. 4 850 kg
Ladefläche	4 000 × 2 200 × 400 mm
Radstand	4 800 mm
Bereifung	10.00–20 eHD vorn einfach, hinten doppelt

Typ 7000 S	
Motor	6-Zylinder BÜSSING-NAG
Diesel	Typ GD 6
Bohrung 130 mm	Hub 170 mm
Zylinder	Inhalt 13,5 Ltr.
Leistung etwa	150 PS bei 1500 Umdr./min.
Fahrgestell-Gewicht	ca. 5 800 kg
Gesamtgewicht	ca. 14 000 kg
Tragfähigkeit	ca. 9 000 kg
Nutzlast	ca. 6 500 kg
Ladefläche	4 500 × 2 350 × 450
Radstand	4 900 mm
Bereifung	12.00–22 eHD vorn einfach, hinten doppelt

Die Angaben verstehen sich mit den üblichen Toleranzen · Änderungen vorbehalten

BÜSSING-NAG
VEREINIGTE NUTZKRAFTWAGEN G. M. B. H.
BRAUNSCHWEIG

Einziges Modell von Büssing war der 5000 S, der mit den unterschiedlichsten Aufbauten in respektablen Stückzahlen bis 1950 hergestellt wurde.

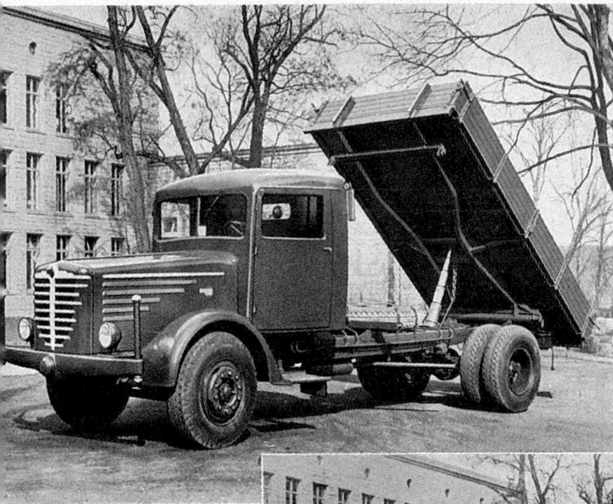

ɣp 5000 S

motor-hydraulischem
ɜiseiten-Kipper

BÜSSING
NAG

ɪr den Wiederaufbau

ɜrt BÜSSING-NAG mit seinen 5 und 7 Tonner Nutzlastwagen mit Meiller-Kipperaufbau Fahrzeuge, die in ı besonderen Ruf der Wirtschaftlichkeit stehen. Entwicklungen der letzten Jahre haben zu der ausgereiften ıstruktion dieses Spezialwagens geführt, wobei den starken Beanspruchungen, denen ein solches Fahrzeug gesetzt ist, besonders Rechnung getragen wurde.

le Unternehmen, wie das Baugewerbe, die Sand- und Kiesgrubenbetriebe, die Landwirtschaft und Industrie, denen es darauf ankommt, Schüttgut zeitsparend zu befördern, bevorzugen seit langem die Verwendung hydraulischen Kippern.

und Abfahrten auf Baustellen und Transporte auf unbefestigten Wegen verlangen von diesem Fahrzeug- besondere Qualitäten. Die vorgesehene stabile Bauart des Fahrzeugrahmens mit Verstärkungseinlagen, kräftige Dieselmotor, die gut durchkonstruierte Kraftübertragung machen deshalb den BÜSSING-NAG- ɛlastwagen zu dem geeigneten Träger eines Kipp-Aufbaues.

Typ 7000 S

mit motor-hydraulischem
Dreiseiten-Kipper

Der motor-hydraulische Dreiseiten-Kipper, Bauart „Meiller"

besteht aus der nach 3 Seiten hydraulisch kippbaren Ladebrücke. Die Rück- und Seitenwände sind abklappbar und pendelnd aufgehängt. Das Innere ist mit gespanntem Blech ausgeschlagen, der Bodenbelag ist nahtlos geschweißt. Durch Öffnen und Schließen des für die Betätigung vorgesehenen Handrades kann man die Kippbrücke in jeder beliebigen Stellung feststehen lassen, senken oder heben.

Um die Bedienung des Kippsystems so zweckmäßig wie möglich zu gestalten, ist das Handrad in das Führerhaus verlegt, so daß der Fahrer, ohne den Führersitz zu verlassen, die Anlage bedienen kann.

Das Heranfahren und Schütten des Ladegutes kann somit von einer Stelle aus ohne Zeitverlust gelenkt und betätigt werden.

Der Büssing 5000 S – hier als Dreiseiten-Kipper Bauart »Meiller« – leistete 105 PS und trug noch das Firmenzeichen Büssing-NAG an der traditionellen Kühlermaske. Mit Beendigung des Vertrags mit der AEG-Tochter NAG firmierte ab 1950 der Braunschweiger Hersteller als Büssing Nutzkraftwagen GmbH.

Das markante Gesicht des Büssing mit dem stilisierten Braunschweiger Löwen prägte das Bild der Marke von ihren besten Zeiten bis in die Gegenwart. Der Prospekt des ab 1952 gebauten Typs 6000 – in kleiner Zahl auch als Allradversion 6000 A geliefert – zeigt mit freistehenden Scheinwerfern und geteilter Frontscheibe deutlich die konservative Optik dieser legendären Lastwagen.

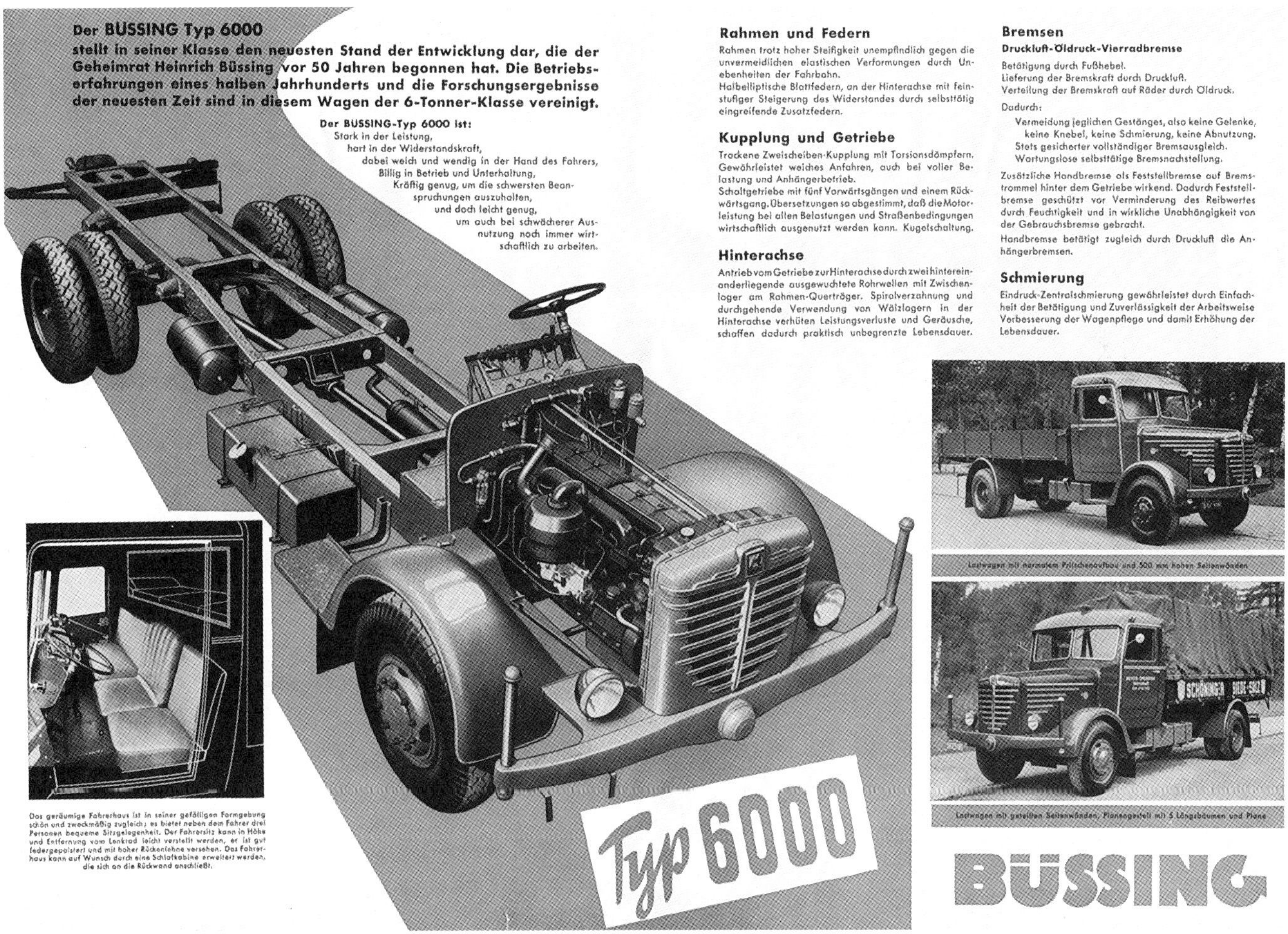

Der BÜSSING Typ 6000

stellt in seiner Klasse den neuesten Stand der Entwicklung dar, die der Geheimrat Heinrich Büssing vor 50 Jahren begonnen hat. Die Betriebserfahrungen eines halben Jahrhunderts und die Forschungsergebnisse der neuesten Zeit sind in diesem Wagen der 6-Tonner-Klasse vereinigt.

Der BÜSSING-Typ 6000 ist:
Stark in der Leistung,
hart in der Widerstandskraft,
dabei weich und wendig in der Hand des Fahrers,
Billig in Betrieb und Unterhaltung,
Kräftig genug, um die schwersten Beanspruchungen auszuhalten,
und doch leicht genug,
um auch bei schwächerer Ausnutzung noch immer wirtschaftlich zu arbeiten.

Rahmen und Federn

Rahmen trotz hoher Steifigkeit unempfindlich gegen die unvermeidlichen elastischen Verformungen durch Unebenheiten der Fahrbahn.
Halbelliptische Blattfedern, an der Hinterachse mit feinstufiger Steigerung des Widerstandes durch selbsttätig eingreifende Zusatzfedern.

Kupplung und Getriebe

Trockene Zweischeiben-Kupplung mit Torsionsdämpfern. Gewährleistet weiches Anfahren, auch bei voller Belastung und Anhängerbetrieb.
Schaltgetriebe mit fünf Vorwärtsgängen und einem Rückwärtsgang. Übersetzungen so abgestimmt, daß die Motorleistung bei allen Belastungen und Straßenbedingungen wirtschaftlich ausgenutzt werden kann. Kugelschaltung.

Hinterachse

Antrieb vom Getriebe zur Hinterachse durch zwei hintereinanderliegende ausgewuchtete Rohrwellen mit Zwischenlager am Rahmen-Querträger. Spiralverzahnung und durchgehende Verwendung von Wälzlagern in der Hinterachse verhüten Leistungsverluste und Geräusche, schaffen dadurch praktisch unbegrenzte Lebensdauer.

Bremsen

Druckluft-Öldruck-Vierradbremse

Betätigung durch Fußhebel.
Lieferung der Bremskraft durch Druckluft.
Verteilung der Bremskraft auf Räder durch Öldruck.

Dadurch:
Vermeidung jeglichen Gestänges, also keine Gelenke, keine Knebel, keine Schmierung, keine Abnutzung.
Stets gesicherter vollständiger Bremsausgleich.
Wartungslose selbsttätige Bremsnachstellung.

Zusätzliche Handbremse als Feststellbremse auf Bremstrommel hinter dem Getriebe wirkend. Dadurch Feststellbremse geschützt vor Verminderung des Reibwertes durch Feuchtigkeit und in wirkliche Unabhängigkeit von der Gebrauchsbremse gebracht.
Handbremse betätigt zugleich durch Druckluft die Anhängerbremsen.

Schmierung

Eindruck-Zentralschmierung gewährleistet durch Einfachheit der Betätigung und Zuverlässigkeit der Arbeitsweise Verbesserung der Wagenpflege und damit Erhöhung der Lebensdauer.

Das geräumige Fahrerhaus ist in seiner gefälligen Formgebung schön und zweckmäßig zugleich; es bietet neben dem Fahrer drei Personen bequeme Sitzgelegenheit. Der Fahrersitz kann in Höhe und Entfernung vom Lenkrad leicht verstellt werden, er ist gut federgepolstert und mit hoher Rückenlehne versehen. Das Fahrerhaus kann auf Wunsch durch eine Schlafkabine erweitert werden, die sich an die Rückwand anschließt.

Lastwagen mit normalem Pritschenaufbau und 500 mm hohen Seitenwänden

Lastwagen mit geteilten Seitenwänden, Planengestell mit 5 Längsbäumen und Plane

Typ 6000

BÜSSING

Ein Blick in den Prospekt vom Oktober 1952 zeigt die stabile Fahrgestell-Konstruktion des Büssing 6000 S und das komfortable Fahrerhaus mit vier Sitzen.

Büssing Sonderfahrzeuge

Die Typen 8000 und 6000 führte man von 1950 bzw. 1952 bis 1957 im Fertigungsprogramm. Zwei Varianten des 6000 mit höherer Nutzlast bot Büssing 1953/54 mit dem 6500 und 1954/55 mit dem 7500 S an.

…EIBSTOFFVERSORGUNG

6 BÜSSING Lastkraftwagen-Fahrgestell Typ 6000 mit Strüver-Leichtmetall-Tankaufbau für ca. 7500 Ltr. Inhalt zum Transport von Mineralöl, spezifisches Gewicht 0,75.

7 BÜSSING Lastkraftwagen-Fahrgestell Typ 6000 Sattelschlepper mit einachsigem Sattelanhänger für 13 800 Ltr. Inhalt. Aufbau: Haller.

8 BÜSSING Lastkraftwagen-Fahrgestell Typ 8000 Sattelschlepper mit einachsigem Sattelanhänger, Fassungsvermögen des Tanks 18 000 Ltr.

9 BÜSSING Lastkraftwagen-Fahrgestell Typ 6000 mit Haller-Aufbau zum Transport von feuergefährlichen Flüssigkeiten.

10 BÜSSING Lastkraftwagen-Fahrgestell Typ 6000 Sattelschlepper mit Einachs-Sattelanhänger, Aluminiumtank für 18 000 Ltr. Treibstoff mit 4 Abteilen, Abfüllleistung 700—800 Ltr./min.

…n mit den üblichen Toleranzen
…n vorbehalten

…SING

BÜSSING Lastkraftwagen-Fahrgestell Typ 12 000 mit Unterflur-Dieselmotor U 15 mit Silo-Aufbauten für 11—12 t Nutzlast. Spezialangebote nach Bedarf.

SPEZIAL-TANKAUFBAUTEN

BÜSSING Lastkraftwagen-Fahrgestell Typ 12 000 mit Unterflur-Dieselmotor U 15 und Strüver-Leichtmetall-Tankaufbau für 12 000 Ltr. Inhalt zum Transport von chemischen Flüssigkeiten.

BÜSSING Lastkraftwagen-Fahrgestell Typ 8000 mit Unterflur-Dieselmotor U 13 und Spezialtankaufbau für Weintransport.

BÜSSING Lastkraftwagen-Fahrgestell Typ 4000 mit Unterflur-Dieselmotor U 5 und Spezialtankaufbau für Milchtransport.

Besonders beliebt waren Tankwagenaufbauten in den Baureihen Büssing 8000 und 6000 – hier drei Seiten aus dem Prospekt für Sonderfahrzeuge vom Mai 1954.

All the instruments are grouped right under your glance
and the INSTRUMENT PANEL combines a series supplied tachograph
with a speedometer indicating miles and a clock,
brake pressure gauge, oil pressure gauge, cooling water remote-action thermometer,
lighting switch, the easily accessible fuse boxes;
among others, speed lever and transmission brake are conveniently operated.
The steering wheel is placed at gripping position for the driver.

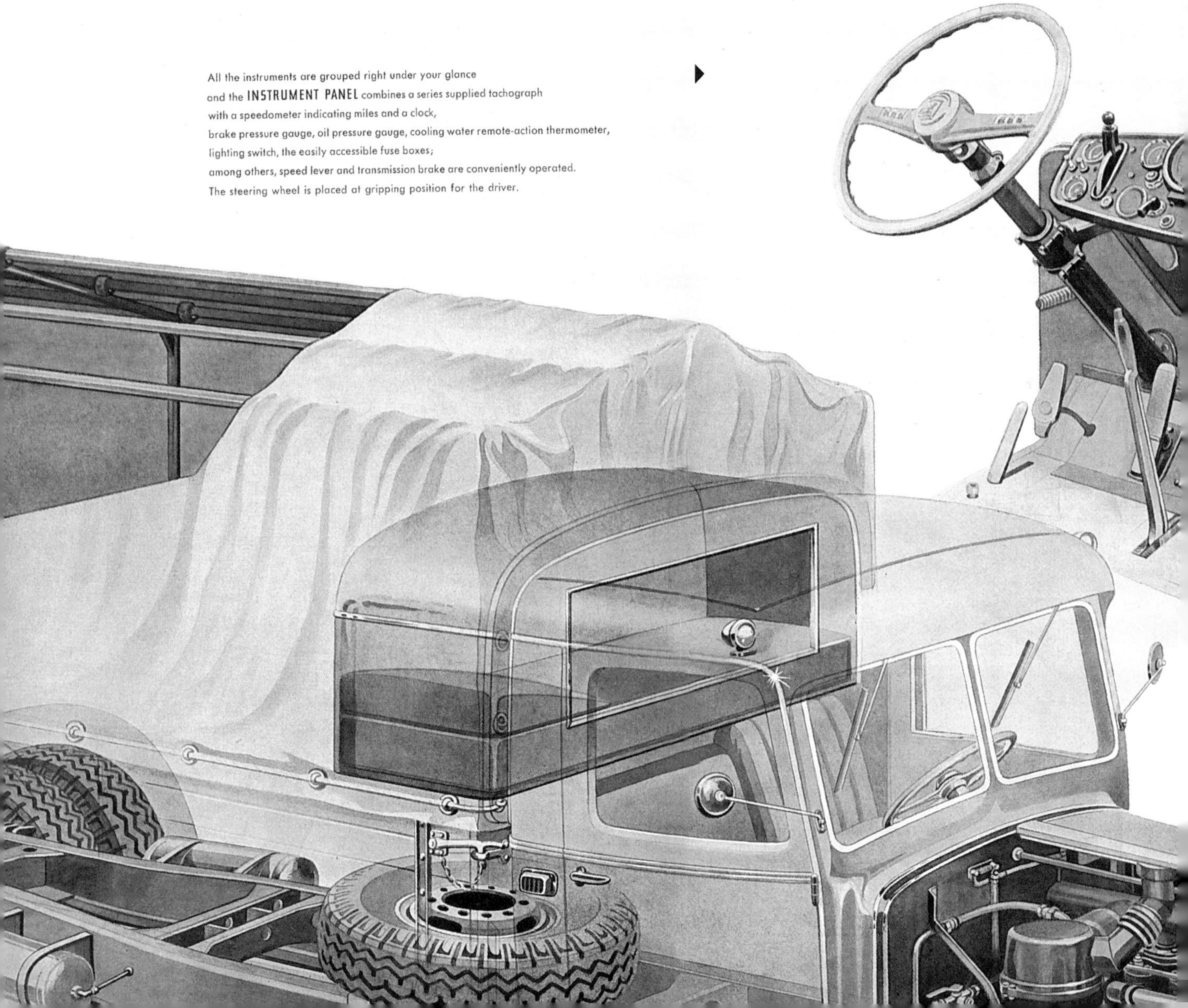

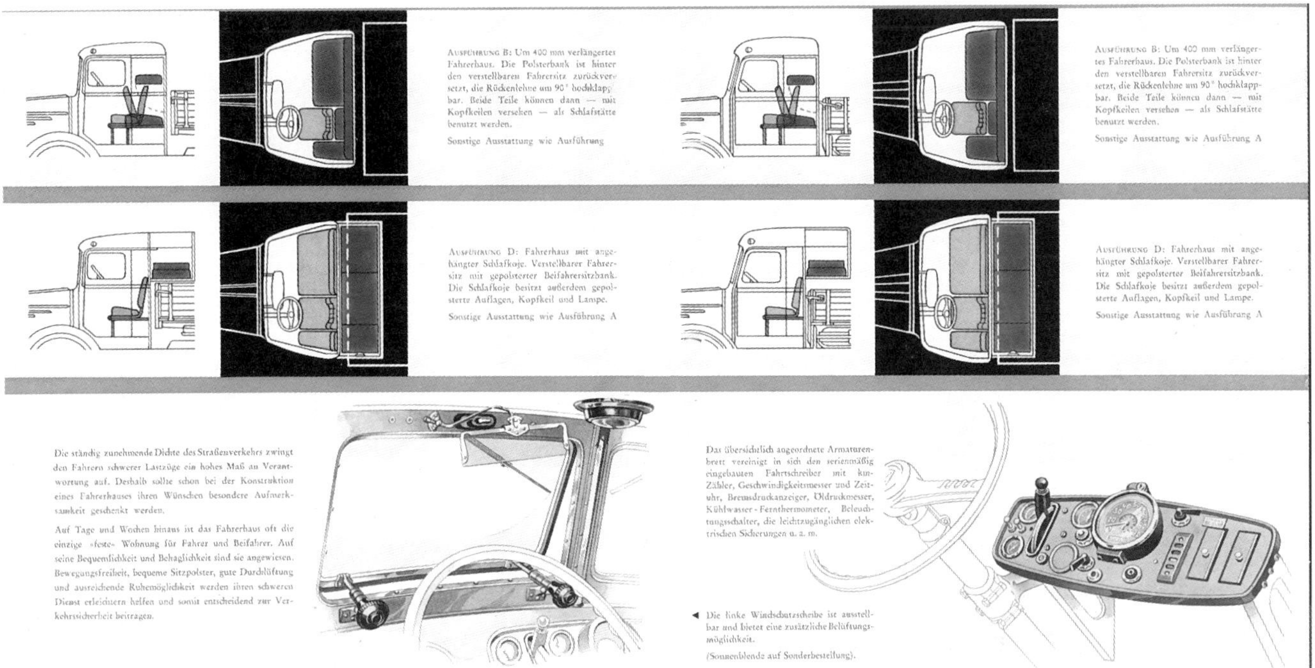

Den Höhepunkt in der Entwicklung der »klassischen« Büssing-Haubenfahrzeuge stellten die Modelle LS 7 mit 130 PS (ab 1957 145 PS) und LS 11 mit 170 PS dar. Die Modellbezeichnung orientierte sich nicht mehr an der Nutzlast, sondern an den Motortypen S 7 und S 11.

Bis Anfang der sechziger Jahre verkauften sich die Büssing LS 7 und LS 11 in kleinen Stückzahlen. Die unter den Bezeichnungen LS 77, Burglöwe und Commodore angebotenen Nachfolgemodelle erreichten nie mehr die Marktanteile ihrer Vorgänger. Die deutlich moderner gestalteten Führerkabinen mit großzügiger Verglasung wirkten bei weitem nicht so harmonisch und prägnant wie der fünfzehn Jahre ältere Entwurf.

Faun L 7

Die Nachkriegsgeschichte der traditionsreichen Nürnberger Faun-Werke begann mit der Produktion von Müllwagen – erst 1949 konnte man den Kunden wieder einen schweren Straßen-Lastzug anbieten. Nachdem der enorme Bedarf der Wiederaufbau-Epoche gedeckt war, konzentrierte man sich auf die traditionelle Domäne maßgeschneiderter Schwerfahrzeuge und stellte die in kleinen Serien gebauten Straßenfahrzeuge Ende der sechziger Jahre ein. Leistungsstarke Zugmaschinen oder gewaltige Muldenkipper haben zur Produktion der Faun-Werke mehr beigetragen als die gleichwohl ausgezeichneten Lastwagen.

Der **FAUN** *in der Praxis:*

Thermos-Lastzug Typ L 7L mit 2 Anhängern

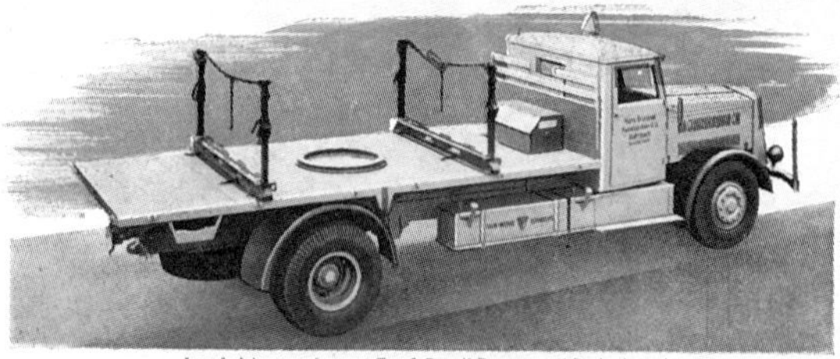

Langholztransportwagen Typ L 7L mit Rungen und Drehschemel

Schwerlastwagen Typ L 7L

Kesselwagen mit 7000 l Tank, Typ L 7L

Motorhydraulischer 3-Seitenkipper Typ L 7z

Schwerlastwagen Typ L 7v, vorgebauter Fahrersitz, 6500 mm lange Pritsche

FAUN-WERKE NÜRNBERG

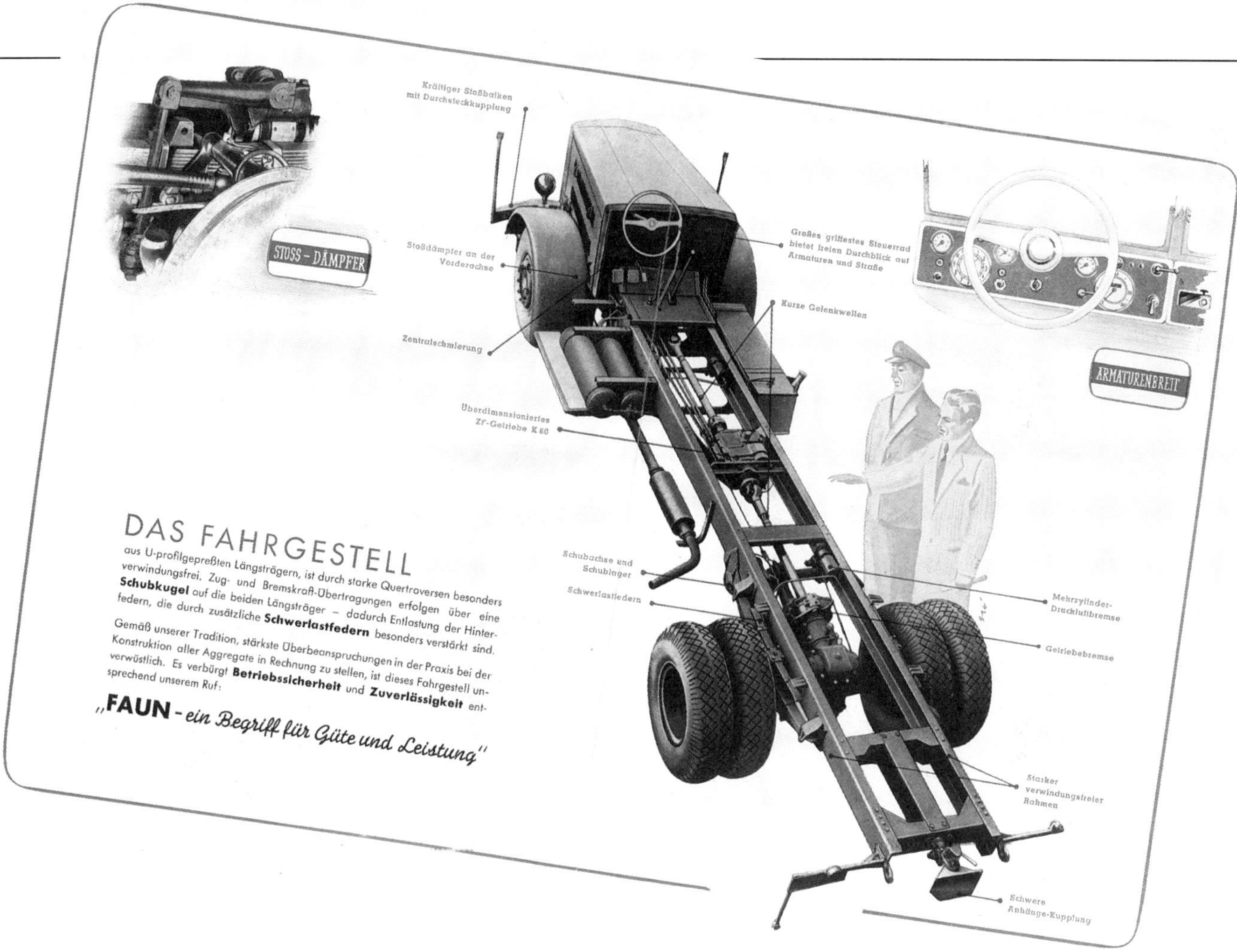

Der Faun L 7 von 1949 besaß ein robustes Fahrgestell. Den Antrieb besorgte ein Deutz-Motor mit 150 PS, der schon im Faun L 600/D 567 der Jahre 1938-40 zum Einsatz kam.

Die konservative Optik des Faun L 7 verbarg das wahre Können der Nürnberger Ingenieure – der L 7 war nicht nur ein ungewöhnlich zuverlässiger und haltbarer Lastzug, sondern auch eines der ersten Modelle, das werksseitig als Frontlenker (L 7 V) geliefert wurde.

Der 1950 vorgestellte Faun F 60 prägte sich vielen Lastwagen-Freunden ins Gedächtnis ein. Weder der luftgekühlte Deutz-Diesel mit 130 PS noch die serienmäßigen Trilex-Räder sorgten für einen überdurchschnittlichen Bekanntheitsgrad: aber die Tatsache, daß der 7-Tonner seinen Rufnamen »Sepp« bereits ab Werk am Kühlergrill trug, machte den bis 1955 gebauten Lastwagen unvergeßlich. Den Frontlenker-Modellen F 68 V »Franz« und 5-Tonner »Emil« von 1955 gelang dies indessen nicht.

1951 führte Faun als Nachfolger des L 7 den L 8 mit wassergekühltem Deutz-Motor und einer Leistung von 180 PS ein. Der bis Ende des Jahrzehnts hergestellte 8-Tonner ist im Prospekt von 1958 mit der breiten Stoßstange und den quadratischen seitlichen Lufteinlässen dargestellt, die die zweite Serie dieses Typs kennzeichnen.

Zur Frankfurter IAA 1955 renovierten die Faun-Werke gründlich das Programm der Hauben-Lastwagen. Rundliche Linien prägten nun die Frontpartie der Schwergewichte wie des nebenstehenden F 66/525 E. Der Kühlergrill bestand aus schlichten Chromstäben und wurde von einem großen Faun-Wappen gekrönt.

Die 1955 eingeführte Grundform blieb über ein Jahrzehnt aktuell und wurde in mannigfaltigen Variationen hergestellt. Die größte Verbreitung erfuhr die runde Faun-Haube jedoch bei den schweren Zugmaschinen.

Ford 1,5 to / Ruhr und Rhein

Die deutsche Filiale von Ford begann bereits im Mai 1945 mit der Produktion des BB-Lastwagens – wahlweise mit 4-Zylinder- oder V-8-Motor. 1948 modifizierte man diese Typen geringfügig und bot sie unter den Bezeichnungen Ruhr (4-Zyl.) und Rhein (V 8) an.

Wie alle Ford-Lastwagen der Kriegs- und Nachkriegsepoche, entsprachen der Typ Ruhr und auch der 1949 eingeführte 1,5-2 Tonnen Schnell-Lastwagen äußerlich den seit 1940 im Stammhaus Detroit und in der britischen Filiale Dagenham gefertigten Nutzfahrzeugen.

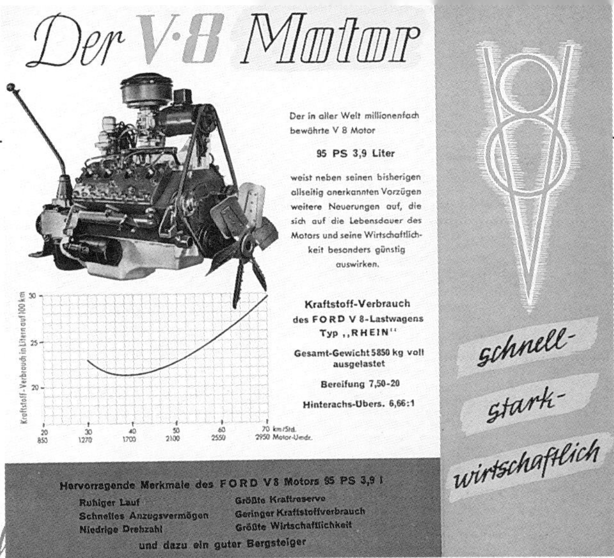

Als hervorragende Merkmale des Ford V 8 mit 95 PS stellte der Prospekt von 1949 heraus: »Ruhiger Lauf, schnelles Anzugsvermögen, niedrige Drehzahl, größte Kraftreserve, geringer Kraftstoffverbrauch, größte Wirtschaftlichkeit und dazu ein guter Bergsteiger!«

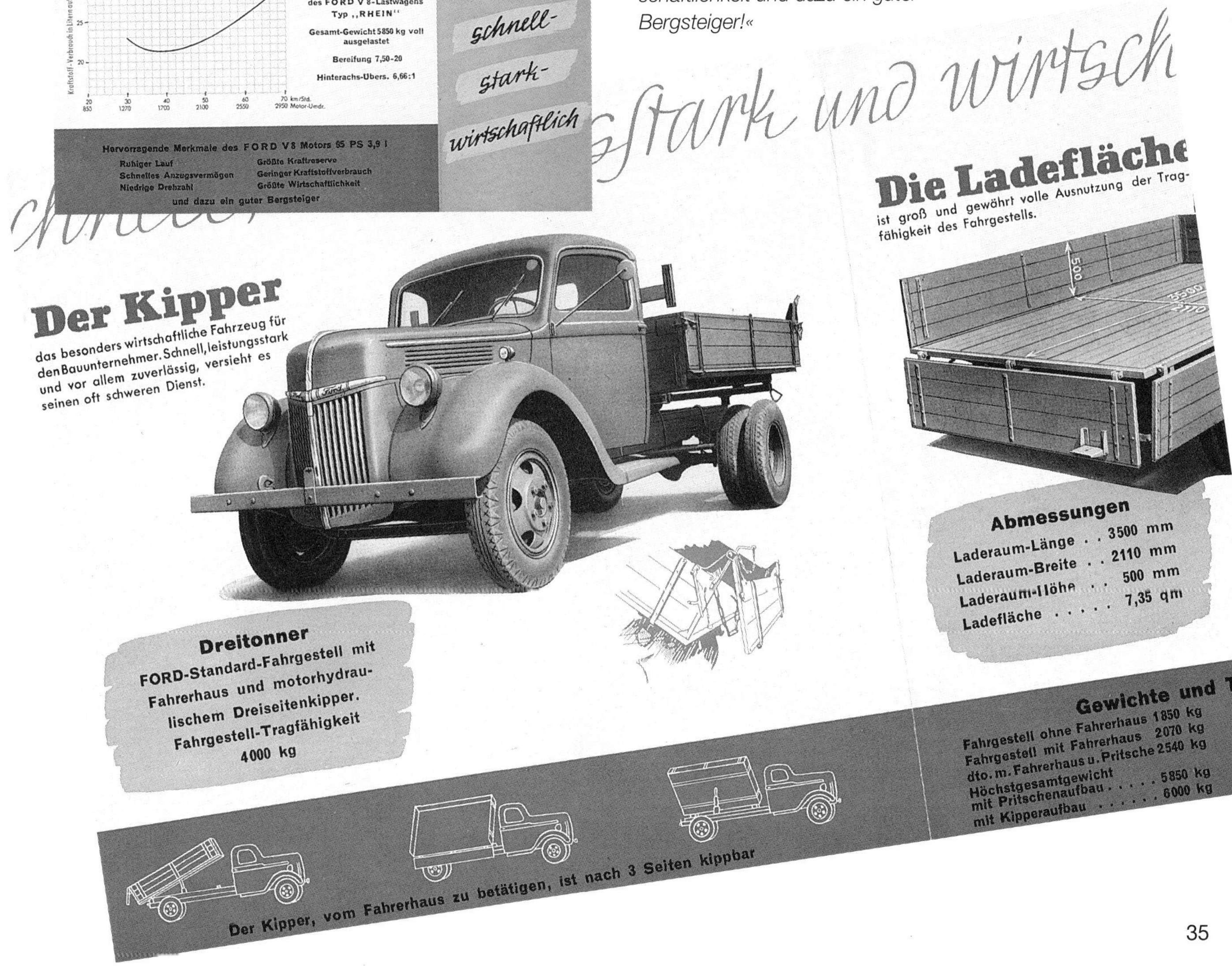

1951 renovierte Ford die Frontpartie seiner Lastwagen und paßte sie dem amerikanischen Geschmack der vierziger Jahre an. Für kurze Zeit kehrte man zu den althergebrachten Typenbezeichnungen BB Spezial für den 2-Tonner, BB 3-Tonner und V 8 für den 3,5-Tonner zurück. Letzteren gab es auch mit einem Dieselmotor in Hercules-Lizenz.

Mit den neuen Typenbezeichnungen FK (= Ford Köln) 3000 BB und FK 3500 produzierte die Kölner Ford-Filiale die angejahrte Modellreihe mit unveränderter Motorenauswahl bis 1955/56. Aus Konkurrenzgründen stellten sie in der Werbung den Diesel in den Vordergrund. Der kleine FK 2000 lief bereits im Jahr 1953 aus, der FK 3500 konnte auch mit Allradantrieb geordert werden.

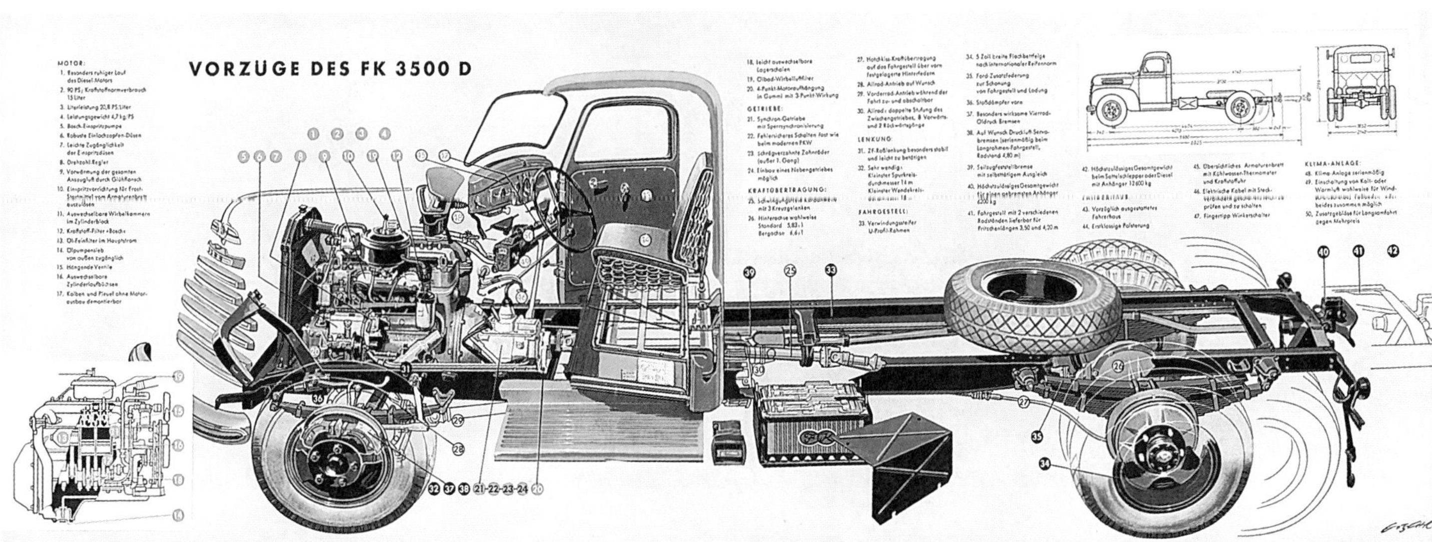

Der 4-Tonner FK 4000 mit 90-PS-Dieselmotor lebte nur von 1953 bis 1955. Das Fahrerhaus mit geteilter Frontscheibe ähnelte dem britischen Modell Thames. Der feinmaschige Kühlergrill ließ den FK 4000 dennoch deutlich moderner aussehen als seine gleichaltrigen Brüder.

Mit der zur Frankfurter IAA 1955 präsentierten, rundum erneuerten FK-Baureihe verabschiedete sich Ford von Modellen der Kriegszeit. Ein modernes Fahrerhaus mit großzügiger Verglasung, Alligatorhaube und die charakteristischen Chromzähne des Grills zählten zu den auffallendsten Merkmalen dieser Serie.

Motoren mit mehr Mumm: 80 und 120 PS unter der Haube

Unter einen Hut sind bei den neuen Motoren gegensätzliche Vorzüge gebracht worden:

Die drei Typen sind schnell auf der Straße, sie sind aber auch vorzügliche Bergsteiger. Die Motoren ziehen kraftvoll an, beschleunigen mit Temperament in allen Geschwindigkeitsbereichen, dabei sind die Maschinen jedoch erstaunlich kurz, niedrig, leicht – und außerdem: vibrationsarm. Die hohe Leistung von 80 bzw. 120 PS sowie das max. Drehmoment von 22 bzw. 32 mkg werden mit Maschinen erzielt, die ungewöhnlich einfach gebaut sind und die nur noch ein Minimum an bewegten Teilen pro Zylinder-Einheit haben. Das Ergebnis dieser glücklichen Synthese: die Motoren sind außerordentlich langlebig (daher wirtschaftlich) . . . hervorragend betriebssicher (daher wirtschaftlich) . . . leicht zu warten und instand zu halten . . . und daher: wirtschaftlich.

6

FORD-2-Takt-Diesel-Motoren (ventillos)

6 Zylinder, 4,2 l, 120 PS, mit einem Drehmoment von max. 32 mkg bei 1800 bis 2000 U/min, Dauergeschwindigkeit des FK 4500 und FK 3500 80 km/h – Motorgewicht 329 kg. – Entscheidend für die wirtschaftliche Leistung sind Spülung, Füllung und Verbrennung. Spülung und Füllung durch Gebläse mit reiner Frischluft, daher kein Kraftstoffverlust!

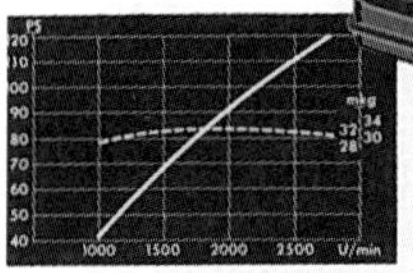

Zwischen 1100 und 2800 U/min ständig über 30 mkg Drehmoment!

Das ist für den Fahrbetrieb wichtiger als nur ein hoher Spitzenwert. Die Vorteile: kraftvoller Anzug, gute Beschleunigung, hohe Dauergeschwindigkeit, zusätzliche Kraft am Berg und zum Überholen.

4 Zylinder, 2,8 l, 80 PS, max. Drehmoment 22 mkg bei 1800 bis 2000 U/min, Dauergeschwindigkeit des FK 2500 85 km/h, Motorgewicht 270 kg.
Durch den hohen Gleichförmigkeitsgrad des 2-Takt-Systems wird das Triebwerk entsprechend gleichmäßig belastet; damit wird die Lebensdauer erhöht. Bei beiden Motoren beträgt die mittlere Kolbengeschwindigkeit nur 9,8 m/s.

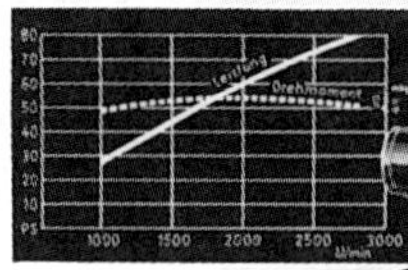

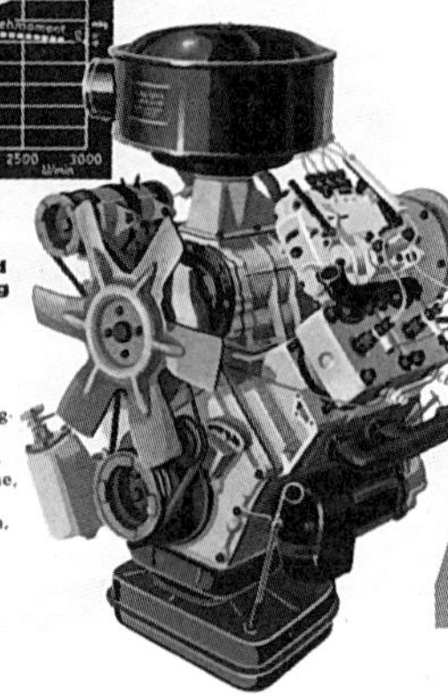

Zwischen 1100 und 2800 U/min ständig über 20 mkg Drehmoment!

Deshalb kennt weder dieser 4-Zylinder noch der 6-Zylinder einen Geschwindigkeitsbereich, in dem die Maschinen „müde" sind. Die Geschwindigkeitsbereiche, in denen diese Motoren ihre große Drehkraft abgeben, überschneiden sich in den einzelnen Gängen.

4

Der 2-Takt-Diesel mit vier Zylindern (2797 ccm/80 PS) im FK 2500 oder sechs Zylindern (4195 ccm/120 PS) im FK 3500 und FK 4500 erfüllte die Versprechungen der Prospekte nicht: nicht »lange Lebensdauer und einfache Wartung«, sondern notorische Unzuverlässigkeit prägten den Ruf dieser Motoren. Der angejahrte V 8, wahlweise in den kleineren Typen angeboten, konnte die Situation ebenfalls nicht mehr retten – 1961 ging die Herstellung deutscher Ford-Lastwagen recht glanzlos zu Ende.

Ob als Fernlastzug mit dem damals noch vorgeschriebenen Anhängerdreieck oder als Kipper im harten Baustelleneinsatz – der Borgward 4 1/2-Tonner machte in jeder Situation eine gute Figur.

»Es ist erreicht« – mit diesem charmanten Faltblatt versuchte Büssing, den Fahrzeug-Eignern und Chauffeuren beizubringen, wie man einen Lastwagen nicht behandelt. Ein typisches Beispiel für die Werbegraphik der fünfziger Jahre.

Eine imposante Illustration zierte die Titelseite des Faun-Prospekts für den Typ L 7: der Güterzug der Landstraße mit zwei Anhängern beeindruckte den Graphiker wohl derart, daß Details – wie das Lenkrad – überlebensgroß erschienen.

Der Faltprospekt von 1949 präsentierte den Ford V 8 vor der Kulisse des Rheintals.

Hanomag 1,5 to

Der traditionsreiche Hersteller von Lokomotiven, Landmaschinen, Last- und Personenwagen benötigte nach dem Zweiten Weltkrieg einige Jahre, um ein erfolgversprechendes Produkt auf die Räder zu stellen. Mit der Herstellung von Traktoren, schweren Zugmaschinen und einer kleinen Serie daraus abgeleiteter Lastkraftwagen überbrückte man diese schwierige Epoche. Der 1950 präsentierte 1,5-Tonner-Schnell-Lastwagen und seine Weiterentwicklungen konnten sich ein Jahrzehnt gut gegen die Konkurrenz behaupten.

Die Alligatorhaube gib
für die Wartung frei. Öleinfü
Kraftstoffpumpe sind leicht
Vom Fahrerhaus verriegelt, k
Unbefugten nicht geöffnet w
gestellt, bietet sie Arbeitenden

Der 1,5-Tonner-Kastenwagen
Tragfähigkeit 1565 kg,
Laderaum 2830 x 1720 x 1420 mm.
In Form und Nutzwert: der elegante wirtschaftliche Schnell-Lastwagen für hohe Ansprüche.

Die Klimaanlage wird auf
gebaut. Je nach der Jahreszeit
Wärme- und Frischlufteinfuhr. E
Fahrt drückt ein Gebläse die
das Fahrerhaus. Warmluft hä
schutzscheiben frostfrei.

Die modische Alligatorhaube, Komfortattribute wie Lenkradschaltung oder die dem Niveau eines Personenwagens entsprechende Ausstattung sowie der robuste 2,8-Liter-Diesel mit 45 PS (ab April 1951 50 PS) waren die wichtigsten Merkmale des kleinen Hanomag.

1953 führte Hanomag eine Version mit 2,5 Tonnen Nutzlast ein, die zwei Jahre später durch einen 3-Tonner ergänzt wurde. Die notwendige Leistungssteigerung auf 65 bzw. 70 PS erzielte der Dieselmotor mit Hilfe eines Roots-Gebläses, das dem Hanomag die typische »heulende« Geräuschentwicklung verlieh.

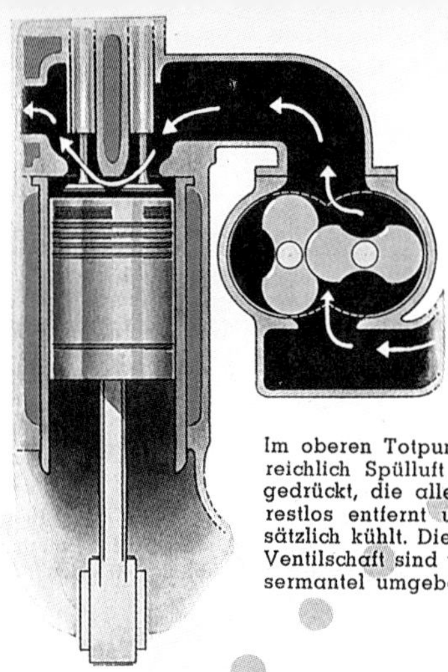

Im oberen Totpunkt der Kolben wird reichlich Spülluft durch die Zylinder gedrückt, die alle Verbrennungsgase restlos entfernt und die Ventile zusätzlich kühlt. Die Ventilsitze und der Ventilschaft sind von einem Kühlwassermantel umgeben.

	Fahrgestell mit Fahrerhaus	Fahrgestell mit Windlauf
Zulässiges Gesamtgewicht	5875 kg	5875 kg
Leergewicht	ca. 2214 kg	ca. 2035 kg
Tragfähigkeit	ca. 3661 kg	ca. 3840 kg

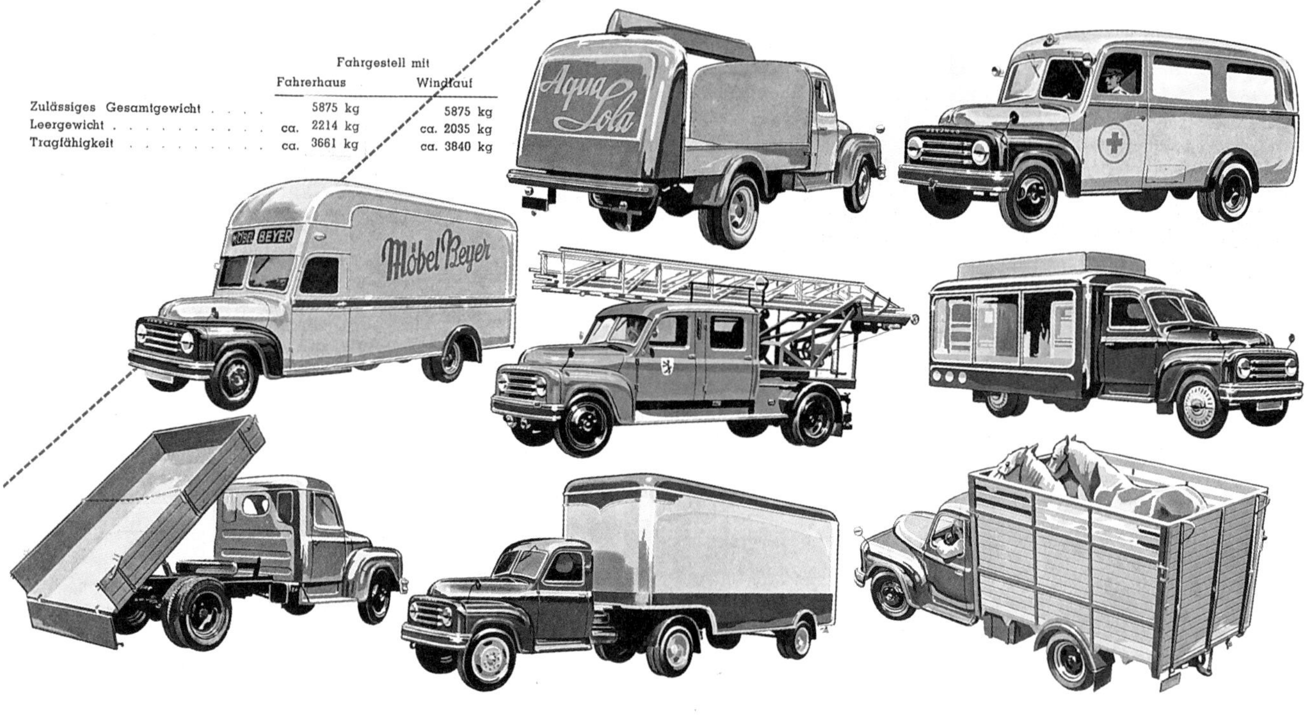

Hanomag 1,75 Diesel

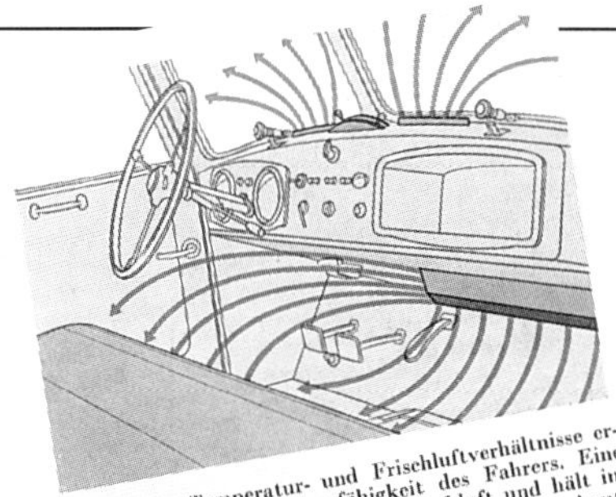

Angenehme Temperatur- und Frischluftverhältnisse erhalten die volle Leistungsfähigkeit des Fahrers. Eine Klimaanlage liefert Wärme und Frischluft und hält im Winter die Scheiben klar. Sie wird auf Wunsch eingebaut.

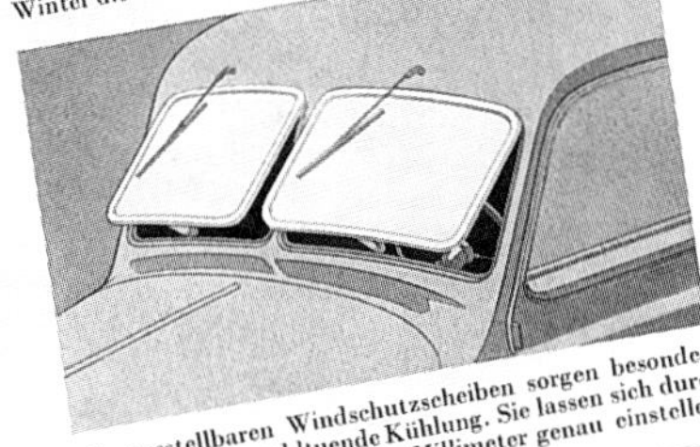

Die ausstellbaren Windschutzscheiben sorgen besonders im Sommer für wohltuende Kühlung. Sie lassen sich durch Teleskopverschlüsse auf den Millimeter genau einstellen.

Drei Personen haben auf der durchgehenden gut gepolsterten Sitzbank bequem Platz. Vorn angeschlagene Fahrerhaustüren gestatten dem Fahrer beim Zurücksetzen des Wagens ohne Mühe einen Blick nach hinten.

DER KOFFERWAGEN

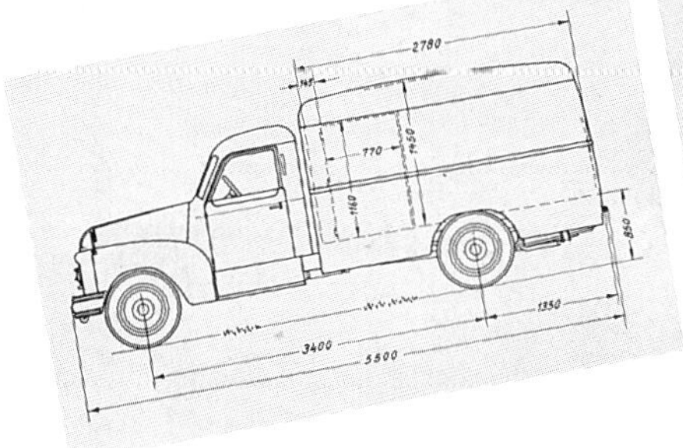

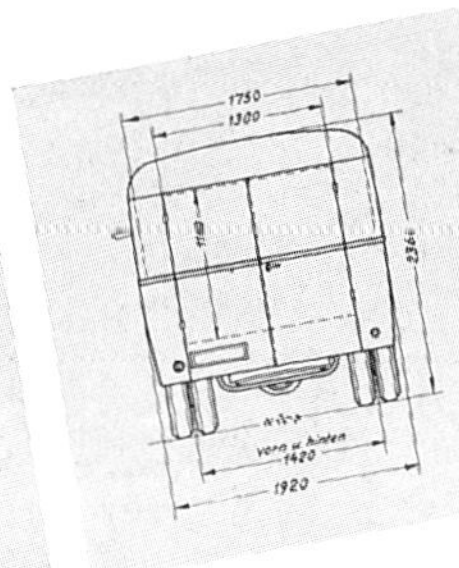

Der Laderaum des Kofferwagens (über 7 cbm) ist vom Fahrerhaus völlig getrennt. Er eignet sich daher besonders für empfindliches Ladegut, das durch die große doppelflügelige Rückwandtür und durch die Seitentür bequem ein- und ausgeladen werden kann. Ein repräsentatives Fahrzeug mit großem Nutzwert!

Von 1956 bis zum Auslaufen der Herstellung im Jahr 1960 besaß der kleine Hanomag eine Nutzlast von 1,75 Tonnen. Die Leistungsdaten des Dieselmotors blieben – wie auch bei den Frontlenkermodellen Kurier, Garant und Markant der nachfolgenden Generation – unverändert.

Henschel HS 140

Das umfangreiche Lastwagenprogramm der dreißiger Jahre konnte von der renommierten Lokomotiven- und Maschinenfabrik nach dem Krieg in Kassel nicht mehr produziert werden. Bis 1950 schlug man sich mit der Umrüstung amerikanischer Militärlastwagen mit hauseigenen Dieselmotoren durch. Mit dem Typ HS 6 kehrte Henschel als letzter großer deutscher Hersteller zur normalen Produktion zurück.

Der ab 1950 als Henschel HS 140 bezeichnete erste Nachkriegstyp war über ein Jahrzehnt das Flaggschiff der Marke aus Kassel. Die Typenbezeichnung wies auf die Motorleistung von 140 PS hin, der Kühlergrill mit dem großen Stern und dem schwungvollen Schriftzug nahm die optischen Elemente der späten dreißiger Jahre wieder auf.

Der Henschel HS 140 S war die Sattelschlepper-version der großen Bau-reihe. Der Prospekt mit dem eindrucksvollen Tankzug vor zeittypischer Zapfstation stammt aus dem Jahr 1953.

…k-wirtschaftlich

DIE WEICHE FEDERUNG
durch breit angeordnete Vorder- und Hinterfedern mit hydraulischen Stoßdämpfern bezw. Zusatzfedern macht das Fahren angenehm. Auch empfindliche Fracht kann mit hoher Geschwindigkeit sicher befördert werden.

DIE BREMSEN
Die Fußbremse wirkt als Druckluftbremse auf alle vier Räder, die Handbremse mit dem praktischen Stockgriff als mechanische Feststellbremse auf die Hinterräder. Beide Bremssysteme arbeiten unabhängig voneinander. Die Bremsen sind überdimensioniert und haben daher hohen Wirkungsgrad und beträchtlich verlängerte Lebensdauer.
Auf Wunsch wird als dritte, unabhängige Bremse die Henschel-Motorbremse eingebaut.

DAS FAHRERHAUS
mit bequemen Polstersitzen bietet Platz für den Fahrer und zwei Beifahrer. Die Instrumente sind übersichtlich angeordnet und indirekt beleuchtet. Auch bei Dunkelheit können sie gut abgelesen werden. Die zugfreie Entlüftung erfolgt durch Luftklappen.

DIE ACHSEN
sind für hohe Beanspruchung geschaffen und haben günstige Bodenfreiheit. Die aus Stahlblech gepreßte Hinterachse ist in Banjoform ausgeführt. Erhöhte Fahrsicherheit bei Rutschgefahr oder auf schlechten Straßen bietet die Ausgleichsperre, die während der Fahrt ein- und ausgeschaltet werden kann. Eine Gangsperre, die bei eingeschalteter Ausgleich-Sperre den 4. und 5. Gang des Wechselgetriebes verriegelt, verhindert Fehlbetätigung.

DIE LENKUNG
ist durch die Verwendung von Schnecke mit nadelgelagertem Lenkfinger sehr leichtgängig. Daher ist die Bedienung mühelos und nicht ermüdend. Der Wenderadius des Fahrzeugs ist auffallend klein.

Das Fahrgestell des HS 100 ist wegen seiner robusten Konstruktion und der günstigen Abmessungen besonders geeignet für Spezialaufbauten aller Art:

KIPPER · FEUERWEHRWAGEN · SCHLAMMABSAUGEWAGEN
LANGHOLZWAGEN · FÄKALIENWAGEN · THERMOSWAGEN
MÖBELWAGEN · TANKWAGEN · MÜLLWAGEN · SPRENGWAGEN

Der Henschel HS 100 mit einer Nutzlast von rund 5 Tonnen war das populärste Modell der Kasseler Marke in den fünfziger Jahren und blieb bis 1961 im Programm. Ins Ausland gelieferte HS 100 erkannte man am zusätzlich angebrachten Schriftzug »Diesel« im Kühlergrill. Das Nachfolgemodell HS 11 unterschied sich durch den Verzicht auf alle Schriftzüge und trug nur noch den Henschel-Stern in der Mitte des Kühlergitters.

HENSCHEL
ALLRAD-WAGEN HS 100 A

leistungsstark - betriebssicher - wirtschaftlich

Langjährige Erfahrungen im Bau von Kraftfahrzeugen für Straße und Gelände sind die Konstruktionsgrundlagen des Henschel-Lastkraftwagens HS 100 A mit Allradantrieb. Er ist eine Weiterentwicklung des bereits bekannten und tausendfach erprobten HS 100 mit Einachsantrieb. Dieser Wagen mit Allradantrieb wird in Serie mit normalem Pritschenaufbau (HS 100 A) oder als motorhydraulischer Dreiseitenkipper (HS 100 AK) gebaut.

Das komfortable Fahrerhaus

Ausgleichsperre

Sie sperrt das Ausgleichgetriebe der Hinterachse und ist während der Fahrt ein- und ausschaltbar. Sie bewirkt, daß auch bei einseitig schlüpfrigen und vereisten Straßen oder im Gelände mit weichem bzw. sumpfigem Boden das Mahlen eines Rades und damit ein Steckenbleiben des Fahrzeuges verhindert wird. Der Wagen erhält dadurch überlegene Fahreigenschaften sowohl auf der Straße als auch im Gelände.

Getriebe

Das Fahrzeug hat außer dem normalen 5-Gang-Wechselgetriebe noch ein zweigängiges Stufengetriebe, das gleichzeitig Verteilergetriebe für Vorder- und Hinterachsantrieb ist. Durch die getrennte Anordnung der Getriebe ergibt sich die Möglichkeit, zu jedem Wechselgetriebegang einen Zwischengang einzuschalten. Damit sind insgesamt 10 Vorwärts- und 2 Rückwärtsgänge vorhanden. Durch einfaches Umlegen eines Hebels unter dem Lenkrad werden die beiden Stufen des zwischen Wechselgetriebe und Hinterachsgetriebe angeordneten Stufengetriebes zur Wirkung gebracht. Es stehen also für jeden Gang des Wechselgetriebes zwei Möglichkeiten zur Verfügung, eine langsamere und eine schnellere Übersetzung. Das ergibt in der Praxis, daß die Geschwindigkeiten mit der Schaltstufe „schnell" jeweils etwa in der Mitte zwischen den regulären (mit der Schaltstufe „langsam") liegen. Durch diese günstigen 10 Abstufungsmöglichkeiten wird ein niedriger Kraftstoffverbrauch und somit eine hohe Wirtschaftlichkeit erreicht.

Vorwählschaltung

Ohne jede Mühe kann immer die für die Fahrbahnverhältnisse günstigste Getriebestufe gewählt und damit gute Gesamtbeschleunigung, erhöhte Durchschnittsgeschwindigkeit und geringer Kraftstoffverbrauch erzielt werden. Für das Einrücken der Stufen des Stufengetriebes braucht nicht gekuppelt zu werden; durch Zurücknehmen und wieder Durchtreten des Fahrfußhebels nach dem Vorwählen schaltet sich die gewählte Geschwindigkeitsstufe selbsttätig ein.

Achsgetriebe austauschbar

Um weitgehend einheitliche Teile verwenden zu können, ist das Vorderachsgetriebe in gleicher Ausführung wie das Hinterachsgetriebe gehalten. Sämtliche Achsgetriebeteile sind daher untereinander austauschbar.

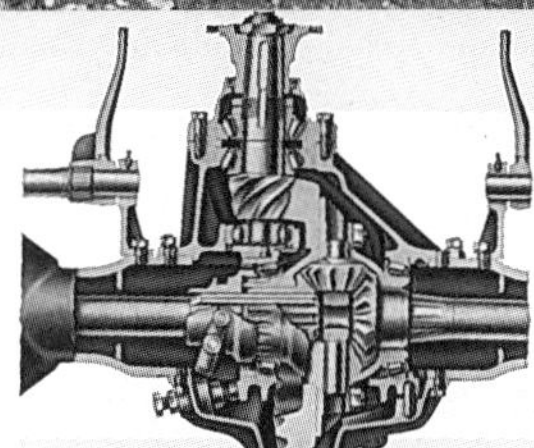

Vorder- und Hinterachsgetriebe

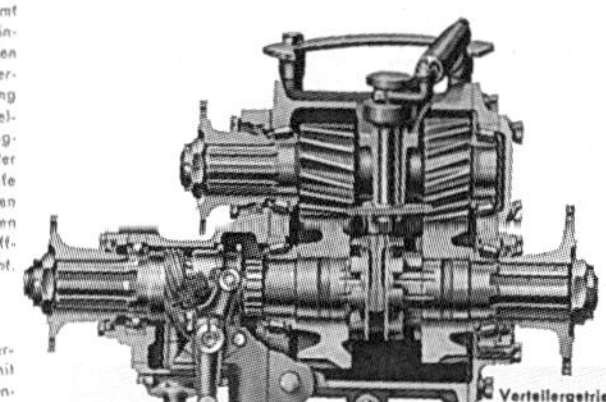

Verteilergetriebe (Stufengetriebe)

Angetriebene Vorderachse

Die Weiterentwicklung des erfolgreichen HS 100 führte neben den Typen HS 95 und HS 120 zu einer Allrad-version. Der Pritschenwagen HS 100 A und der Kipper HS 100 AK blieben von 1953 bis 1959 im Programm.

Der Henschel HS 120 ergänzte ab 1955 die erfolgreiche Baureihe HS 100. Optisch war das neue Modell nur durch den längeren Radstand und die größere Bereifung von der kleineren Version zu unterscheiden. Von Anfang an hatte Henschel den HS 120 mit 125 PS stärker motorisiert, ab 1958 verhalf man dem Sechszylinder mit einem Roots-Gebläse zu einer Leistung von 145 PS.

Der HENSCHEL-Lastwagen HS 120 gehört der mittleren Größenklasse an.

Er wird in folgenden Ausführungen geliefert:

Pritschenwagen	**HS 120**
Dreiseiten-Kipper	**HS 120 K**
Dreiseiten-Kipper mit Allradantrieb	**HS 120 AK**
Sattelschlepper	**HS 120 S**

Die weiche Federung

durch breit angeordnete Vorder- und Hinterfedern mit hydraulischen Stoßdämpfern bzw. Zusatzfedern macht das Fahren angenehm. Auch empfindliche Fracht kann mit hoher Geschwindigkeit schonend befördert werden.

Die Bremse

Die Fußbremse wirkt als Druckluftbremse auf alle vier Räder, die Handbremse mit dem praktischen Stockgriff als mechanische Feststellbremse auf die Hinterräder. Beide Bremssysteme arbeiten unabhängig voneinander. Die Bremsen sind überdimensioniert und haben daher hohen Wirkungsgrad und beträchtlich verlängerte Lebensdauer.

Als dritte unabhängige Bremse wird die HENSCHEL-MOTORBREMSE eingebaut.

Sie erhöht die Fahrsicherheit wesentlich, weil sie von Fuß- und Handbremse UNABHÄNGIG wirkt. Betätigt wird sie durch einen Handhebel an der Lenksäule. Gleichzeitig wird hiermit die Kraftstoffzufuhr zum Motor unterbrochen, so daß beim Bremsen kein Kraftstoff verbraucht wird. Das ermüdende, lange Durchtreten der Fußbremse bei Talfahrten wird durch die Motorbremse hinfällig. Die beiden anderen Bremsen werden geschont und stehen jederzeit in kaltem Zustand, das bedeutet mit bester Wirkung, zur Verfügung. Die Lebensdauer der Bremsbeläge wird erheblich verlängert. Die Motorbremse ermöglicht außerdem eine höhere Durchschnittsgeschwindigkeit, da man mit ihr ohne Risiko zügiger bergab fahren kann.

Das Hinterachsgetriebe ist als doppeltübersetztes Kegelrad-Stirnradgetriebe ausgeführt.

Das Ausgleichsgetriebe kann während der Fahrt gesperrt werden. Die Betätigung erfolgt pneumatisch. Die Sperre verhindert das Durchdrehen eines Rades.

HS 120

HS 120 K

HS 120 wurde aus dem lange bewährten HS 100 ckelt und hat demzufolge auf dem Markt schnellen ng gefunden. In der äußeren Gestaltung gleicht m HS 100. Abweichend sind in der Hauptsache die rückenlänge, der Radstand und die größere Be-g. Die Motorleistung ist durch Einbau des bereits S 115 bewährten Motors erhöht; ebenso wurde die Vorgelegeachse des HS 115 übernommen. Da-war es möglich, neben der größeren Nutzlast auch höhere Anhängelast zuzulassen.

erschiedenheiten der einzelnen Typenausführungen eweils bei der folgenden Beschreibung der einzelauteile erwähnt.

S 120 ist ausgerüstet mit dem 6 Zylinder Henschel-motor Typ 522 DPI. Dieser Motor weist die be-en, von allen Kunden geschätzten Vorzüge auf, die tlich im Henschel-Lanova-Energiespeicherverfahren :

Leistung, lange Lebensdauer, niedriges Gewicht, Kraftstoffausnutzung, sparsamer Verbrauch, be-rs ruhiger und weicher Lauf.

Fahrzeug besitzt die bewährte Henschel-Motor-se.

Das Wechselgetriebe

Das Wechselgetriebe ist ein Zahnradgetriebe mit fünf Vorwärtsgängen. Der 5. Gang ist Schnellgang. Die Allklauenschaltung bewirkt leichtes, lautloses und schnelles Schalten der einzelnen Geschwindigkeitsstufen. Sämtliche Gänge arbeiten geräuscharm.

Bei der Ausführung mit Allradantrieb (HS 120 AK) ist zusätzlich ein pneumatisch betätigtes 2-stufiges Verteilergetriebe eingebaut. Seine Übersetzungen sind so auf das Hauptgetriebe abgestimmt, daß sich im ganzen 10 Schaltmöglichkeiten ergeben, die den großen Bereich von kleiner Geschwindigkeit im Gelände bis zu hoher Endgeschwindigkeit auf der Straße sicher beherrschen.

HS 120 AK

Der Henschel HS 120 war mit der ab 1960 gebauten Nachfolgegeneration HS 12 einer der langlebigsten deutschen Hauben-Lastwagen: die Baureihe überlebte – mit Ausnahme der bereits 1958 eingeführten durchgehenden Frontscheibe – ohne große Veränderungen bis zum Jahr 1967.

Das Prospektblatt aus dem Jahr 1954 zeigt neben anderen Produkten den Kaelble K 832 in Fernverkehrs- und Kipperausführung sowie eine Zugmaschine vom Typ K 410 Z.

Weniger als Lastwagenfabrik, sondern als Manufaktur von Maschinen für Bau- und Forstwirtschaft sowie das Transportgewerbe erwarb sich die 1884 gegründete Carl Kaelble GmbH in Backnang bei Stuttgart einen soliden Ruf. 1950 erreichte man mit 308 Lastwagen und 107 Zugmaschinen das beste Ergebnis der Nachkriegszeit. Bis zur Einstellung der Lastwagenfertigung Mitte der sechziger Jahre verließen nur etwa 2400 Straßen-Lkw das Werk.

Moteur diesel „Kaelble" à 6 cylindres type GN 115s

économique de grande longévité robuste

KAELBLE

A. Châssis avec plateau à ridelles (K 612 L / 145)

Pneumatiques: 11,00-20 eHD ou 11,00-20 eHD „renforcé"
Empattement 4870 ou 5700 mm
Plateau à ridelles: longueur 5000 ou 6000 mm
largeur 2350 mm
hauteur 600 mm
Rayon de virage 9 ou 11 m
Longueur hors tout 8240 ou 9320 mm
Largeur hors tout 2480 mm
Hauteur hors tout, non chargé 2700 mm
Garde au sol 280 mm
Charge admissible sur l'essieu avant 4600 ou 5000 kg
Charge admissible sur l'essieu arrière 9200 ou 10000 kg
Charge totale admissible 13800 ou 15000 kg
Poids à vide 7200 ou 7400 kg
Charge utile: (empattement 4870 mm) 6600 ou 7800 kg
Charge utile: („ 5700 mm) 6400 ou 7600 kg

B. Châssis avec benne basculante sur 3 côtés (K 612 K / 145)

Pneumatiques: 11,00-20 eHD ou 11,00-20 eHD „renforcé"
Empattement 4870 mm
Benne basculante: longueur 4000 ou 4500 mm
largeur 2320 mm
hauteur 400 ou 450 mm
Rayon de virage 9 m
Longueur hors tout 7650 ou 7900 mm
Largeur hors tout 2480 mm
Hauteur hors tout, non chargé 2700 mm
Garde au sol 280 mm
Charge admissible sur l'essieu avant 4600 ou 5000 kg
Charge admissible sur l'essieu arrière 9200 ou 10000 kg
Charge totale admissible 13800 ou 15000 kg
Poids à vide 7650 ou 7800 kg
Charge utile: benne basculante 4 m 6150 ou 7350 kg
Charge utile: „ „ 4,5 m 6000 ou 7200 kg

C. Châssis court pour tracteur routier (K 612 Z / 145)

Pneumatiques 10,00-20 eHD
Empattement 3400 mm
Plateau de lestage: longueur 2800 mm
largeur 2350 mm
hauteur 600 mm
Rayon de virage 7,5 m
Longueur hors tout 6140 mm
Largeur hors tout 2480 mm
Hauteur hors tout 2700 mm
Garde au sol 265 mm
Charge admissible sur l'essieu avant 4000 kg
Charge admissible sur l'essieu arrière 8000 kg
Charge totale admissible 12000 kg
Poids à vide 6600 kg

Lest supplémentaire:
Véhicule sans treuil environ 5400 kg
Véhicule avec treuil environ 5000 kg
Nous pouvons également fournir le treuil sur demande. Force 4000 kg. Longueur et diamètre du câble: 50 m et 15 mm.

Caracteristiques du moteur:
Moteur Diesel 4 temps, type GN 115s
Puissance 145 CV
Nombre de tours 1700 t/m.
Nombre de cylindres 6
Alésage 115 mm
Course 170 mm
Cylindrée 10594 cm³
Couple maximum 64 kgm
Vilebrequin traité, reposant sur 7 coussinets
Démarreur 6 CV.
Dynamo 300 Watts — 12 Volts
Filtre à air, filtre à bain d'huile à turbulence.
Consommation spécifique 185 gr. par CV./h.

Transmission de la puissance:
Embrayage Fichtel & Sachs LA 2/50 HG.
Type d'embrayage Embrayage multidisque à sec
Boîte de vitesse ZF AK 6-75
Type de boîte de vitesse mecanique à étages
Disposition de la boîte de vitesse fixée au moteur
Nombre de vitesses 6 à l'avant, 1 à l'arrière
Rapports de transformation
1 = 8,98 / 5,72 / 3,77 / 2,43 / 1,56 / 1; 8,27
Vitesses silencieuses de la 2ème à la 6ème.
Disposition des leviers à proximité du conducteur
Changement de vitesses direct par levier à rotule
Capacité d'huile 20 litres
Transmission de la puissance par arbe à cardan
Engrenages compensateurs pignons coniques
Commande du pont arrière par pignons coniques à denture spirale
Engrenages complémentaires pignons droits à
Roues motrices: roues arrière denture oblique
Rapports de transformation boîte / roues arrière 1 = 6
Transmission de la poussée par ressorts ou 1 = 5

Particularités du châssis:
Embrayage à deux disques / Boîte à 6 vitesses à crabots, avec pignons toujours en prise. / Essieu avant, essieu à essieu à chapes fermées avec grand braquage.

Direction: Type ZF

Essieu arrière: Essieu Banjo
Suspension par les 2 lames et de robustes coussinets de ressorts. Ressorts jumelés avec ressorts supplémentaires d'absorption des poussées. Embrayage de l'essieu avec pignons coniques à denture spirale et pignons droits à denture oblique, cémentés. Arbres et pignons traités.

Cabine: Fermée, pour 3 ou 4 personnes, avec siège réglable du conducteur.
Réservoir à combustible de 250 litres environ.

Equipement électrique:
Comprenant 2 fortes batteries de 12 Volts. 180 Ah chacune, phares, feux de position. Indicateur de direction oscillant. Tachographe. Grands feux „stop" et „arrière", avec garde-crotte.

Freins: Frein à air comprimé avec raccordement pour les remorques et frein à main avec ressort amplificateur, agissant sur les 4 roues.

Tableau des rendements

Sur une bonne route sèche et avec remorques montées sur pneumatiques, on peut atteindre les rendements indiqués ci-après:

Rapport de transmission de l'essieu arrière 1 = 6

Rampes en %		1e	2e	3e	4e	5e	6e Vitesse
		Vitesses en km/h.					
		6,6	10,5	16	24,5	38	60
		Tonnage brut					
0		285	241	159	110	75	48
	0,3						40
1		227	145	95	63	43	27
	1,2					40	
2		162	103	68	45	30	19
	2,4				40		
4		103	66	43	28	18	12
	4,5			40			
6		76	48	32	21	13	9
	7,5		40				
8		60	38	25	16	11	7
10		50	31	21	13	9	—
	12,5	40					
15		34	22	14	9	—	—
20		26	17	11	7	—	—

Vitesse dans la marche arrière 7 km/h.

Rapport de transmission de l'essieu arrière 1 = 5

Rampes en %		1e	2e	3e	4e	5e	6e Vitesse
		Vitesses en km/h.					
		7,4	11,6	17,6	27,3	42,5	67
		Tonnage brut					
0		240	202	133	92	64	40,5
	0,8					40	
1		190	121	80	54	36	23
	1,8				40		
2		136	88	57	38	25	16
	3,5			40			
4		87	55	36	24	16	10
6		64	40	27	17	11	7
8		50	32	21	14	9	—
10		41	26	17	11	7	—
	10,5	40					
15		29	18	12	8	—	—
20		22	14	9	—	—	—

Vitesse dans la marche arrière 8 km/h.

CARL KAELBLE · Fabrique de moteurs et machines · **BACKNANG**
G. m. b. H. · Fondée en 1884 · près Stuttgart
Téléph.: 541-543/888 · Télégrammes: Kaelble Backnang · Téléscripteur: 079/853

Ein seltenes Zusammentreffen zeigte das französische Prospektblatt von 1954; der Lastwagen K 612 L und die Straßenzugmaschine K 612 Z passieren eine Baustelle, auf der ein Kipper vom Typ K 612 K im Einsatz ist.

Das erfolgreichste und bekannteste Produkt von Kaelble war die von 1949 bis 1955 gebaute Straßenzugmaschine K 410 Z mit dem hauseigenen 80-PS-Dieselmotor.

Die Zugmaschine K 415 Z unterschied sich vom Vorgänger durch größere Fensterflächen und den feinmaschigen Lufteinlaß anstelle der seitlichen Lüftungsschlitze. Die rundlichen Linien des Aufbaus und der Kühlermaske prägten für ein Jahrzehnt auch das Erscheinungsbild der schweren Zugmaschinen und Muldenkipper von Kaelble.

Krupp/Südwerke

Die seit 1920 aktive Lastwagen-Abteilung des Krupp-Konzerns – 1944 von Essen nach Kulmbach verlagert – fertigte ab 1946 modifizierte Vorkriegsmodelle unter der Marke Südwerke: der Rüstungskonzern Krupp und das Markenzeichen mit den drei Ringen unterlagen noch dem Bann der Alliierten.

Die erste Neukonstruktion der Südwerke – kurz vor der Rückkehr nach Essen – war der auf dem Pariser Salon 1950 vorgestellte Titan, der sich durch seine formalen Qualitäten und die hohe Leistung des Zweitakt-Diesels mit 2 x 3 Zylindern zur Lastwagen-Legende entwickelte. Dem Titan folgten 1951 der 5-Tonner Büffel (3 Zylinder, 110 PS) und der 6-Tonner Mustang (4 Zylinder, 145 PS).

8-TONNER-SCHWERSTLASTKRAFTWAGEN »TITAN«

FAHRGESTELL-TRAGFÄHIGKEIT 12800 kg*)

		Pritsche SW L 80	Kipper SW K 80
Motor, Antriebsart		Diesel	
Zahl der Zylinder		2×3	
Bohrung und Hub	mm	115/140	
Hubraum	cm³	8724	
Normale Drehzahl	U/Min.	1700	
Motorleistung	PS	210	
Ölmenge im Kurbelgehäuse	Ltr.	2×15	
Kraftstoffnormverbrauch	ca. Ltr.	26	
Ölnormverbrauch	ca. Ltr.	0,6	
Fahrgestell und Aufbau			
Gewichte:			
Fahrgestell	kg	6 000	5 800
Fahrfertiger Wagen (Leergewicht)	kg	8 000	8 600
Zulässiges Gesamtgewicht	kg	16 000	16 000
Technische Fahrgestell-Tragfähigkeit	kg	12 800	12 800
Gesetzliche Fahrgestell-Tragfähigkeit	kg	10 000	10 000
Nutzlast	kg	8 000	7 800
Maße:			
Laderaum i. L., Länge	mm	6 000	4 500
Breite	mm	2 350	2 320
Höhe	mm	800	500
Fahrzeug, Länge	mm	9 900	8 600
„ Breite	mm	2 500	2 500
über Fahrerhaus, Höhe	mm	2 800	2 800
Höhe der Ladefläche über der Fahrbahn (belastet)	mm	1 350	1 375
Reifengröße (eHD)		12,00—22	
Felgengröße		8,37 V — 22	
Radstand	mm	5 650	5 000
Spurweite	vorn mm	1 978	
Spurweite	hinten mm	1 815	
Äußerer Wendekreisdurchmesser	m	22,5+0,5	20,5+0,5
Techn. zulässige Achsdrücke	vorn kg	5 500	
Techn. zulässige Achsdrücke	hinten kg	10 500	
Höchstgeschwindigkeit auf ebener Straße bei Hinterachsuntersetzung: 1 : 8,91 (Pritsche), 1 : 9,8 (Kipper)	km/h	63	57
Kraftstoffbehälter, Fassungsvermögen	Ltr.	405	205
Batterie, zwei		12 V 162 Ah	

Weitere technische Einzelheiten

Kupplung
Zweischeiben-Trockenkupplung

Wechselgetriebe
Sechsganggetriebe mit Allklauenschaltung Type AK 6—75

Gangzahl
5 Vorwärtsgänge
1 Schongang
1 Rückwärtsgang

Hinterachse
Achsantrieb mit Vorgelege und Ausgleichgetriebe

Lenkung
ZF Roßlenkung Typ 762

Fußbremse
Vierrad-Druckluftbremse

Handbremse
mech. auf Hinterräder wirkend (2 Bremshebel)

Laufräder und Felgen
Speichenräder System Trilex

Anhängerkupplung
für schwersten Anhängerbetrieb

Bremsanschluß zum Anhänger

Nebengetriebe für Spezialfahrzeuge auf Wunsch

*) Ohne Berücksichtigung des gesetzlich höchstzulässigen Gesamtgewichtes.

Änderungen im Interesse der Weiterentwicklung ausdrücklich vorbehalten

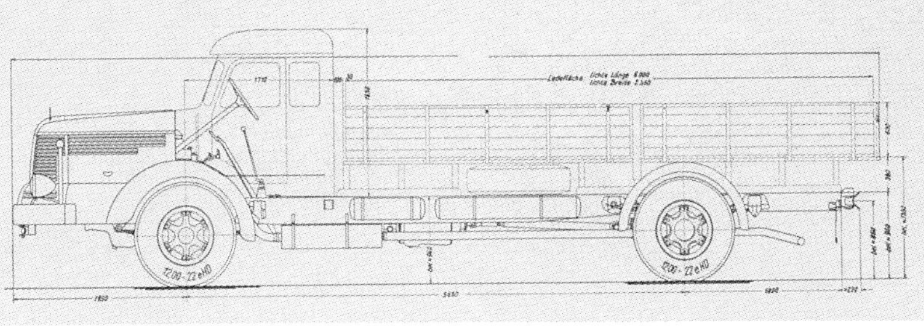

Keine tausend Exemplare entstanden in der fünfjährigen Bauzeit vom Südwerke Titan, der im letzten Jahr seiner Existenz wieder offiziell den Firmennamen Krupp tragen durfte. Trotz dieser geringen Stückzahl beeinflußte der hier im Prospekt von Mai 1951 vorgestellte Titan die stilistische und technische Entwicklung sowie das Ansehen der Marke ganz entscheidend.

Für das Modelljahr 1955 erneuerte Krupp die Zusammensetzung seines Produktionsprogramms: Widder, Büffel, Mustang lauteten jetzt die Typenbezeichnungen, wobei letzterer die besten Verkaufszahlen verzeichnete. 1956 gesellte sich noch der Elch zur Essener Menagerie. Spitzenmodell war der hier abgebildete Tiger, der mit seiner 60 cm kürzeren Schnauze bei weitem nicht so imposant auftrat wie der Vorgänger Titan.

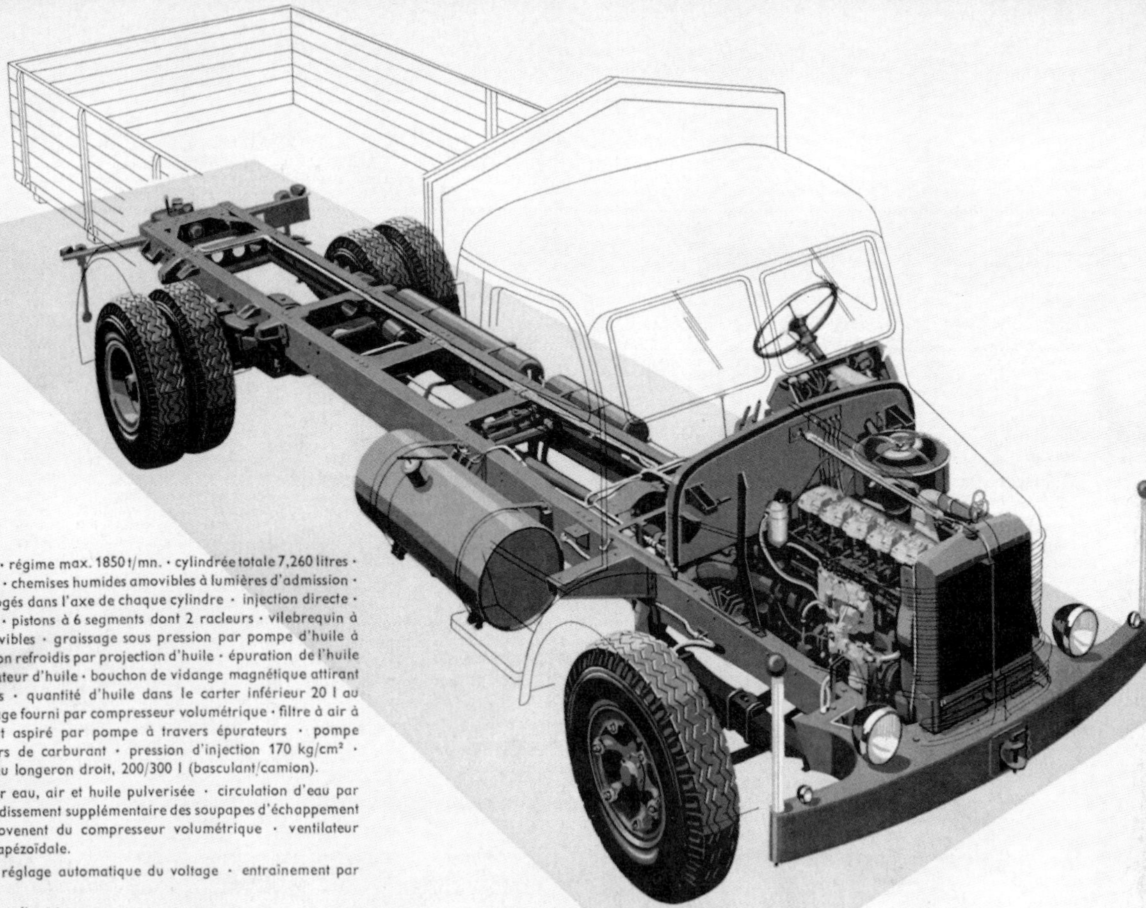

Moteur Krupp-Diesel 5 Cylindres 2 Temps 185 ch	Balayage en équicourant · régime max. 1850 t/mn. · cylindrée totale 7,260 litres · taux de compression 14:1 · chemises humides amovibles à lumières d'admission · culasses avec injecteurs logés dans l'axe de chaque cylindre · injection directe · soupapes d'échappement · pistons à 6 segments dont 2 racleurs · vilebrequin à 6 paliers lisses tous amovibles · graissage sous pression par pompe d'huile à engrenage · fonds de piston refroidis par projection d'huile · épuration de l'huile par filtre à disques · radiateur d'huile · bouchon de vidange magnétique attirant les particules métalliques · quantité d'huile dans le carter inférieur 20 l au maximum · air de balayage fourni par compresseur volumétrique · filtre à air à bain d'huile · carburant aspiré par pompe à travers épurateurs · pompe d'injection avec injecteurs de carburant · pression d'injection 170 kg/cm² · réservoir de carburant au longeron droit, 200/300 l (basculant/camion).
Système de froidissement	Refroidissement mixte par eau, air et huile pulverisée · circulation d'eau par pompe centrifuge · refroidissement supplémentaire des soupapes d'échappement par air de balayage provenent du compresseur volumétrique · ventilateur entraîné par courroie trapézoïdale.
Dynamo	«Bosch», 12 V, 300 W · réglage automatique du voltage · entraînement par courroie trapézoïdale.
Démarreur	«Bosch», 24 V, à induit coulissant.
Embrayage	bidisque fonctionnement à sec · amortisseur de torsion · plateau mobile réglable.
ïte de vitesses	«ZF» AK 6—55 · 6 vitesses AV, 1 marche AR, 6ème vitesse surmultipliée · changement de vitesse par crabots baladeurs · pignons toujours en prise · 2e à 6e vitesses silencieuses · rapports: 6,63; 3,88; 2,43; 1,55; 1; 0,71; marche AR 5,66 · 6,5 l d'huile de graissage · possibilité de monter une prise de mouvement.

Die Schnittzeichnung aus dem französischen Prospekt des Krupp Tiger von 1956 zeigt sehr anschaulich den konstruktiven Aufbau sowie das für seine Zeit einmalige 5-Zylinder-Aggregat mit einem Hubraum von 7260 ccm und 185 PS Leistung.

Der Mustang war der langlebigste Typenname in der »Menagerie« der Essener Lastwagenschmiede: 1951 kurz nach dem Titan eingeführt, glich der 6-Tonner äußerlich und technisch dem großen Vorbild, ohne aber in den Dimensionen (auch der Haube) dessen monströse Ausmaße zu erreichen. Dafür war der Mustang, der von einem Vierzylinder-Zweitakt-Diesel mit 145 PS angetrieben wurde, mit einer Stückzahl von fast 7000 Exemplaren der meistverkaufte Krupp-Lastwagen der Nachkriegszeit.

Krupp Mustang

Die Abbildungen des englischsprachigen Prospekts von 1956 zeigen die zweite Version des Mustang, die mit flacherer Haube ab 1955 gefertigt und 1959 durch eine Ausführung mit neugestaltetem Fahrerhaus ersetzt wurde. 1961 verschwand dieser Typ endgültig – der Name Mustang tauchte indessen in der Baureihe 801 im Jahr 1963 wieder auf und zierte den letzten Krupp mit Zweitakt-Diesel.

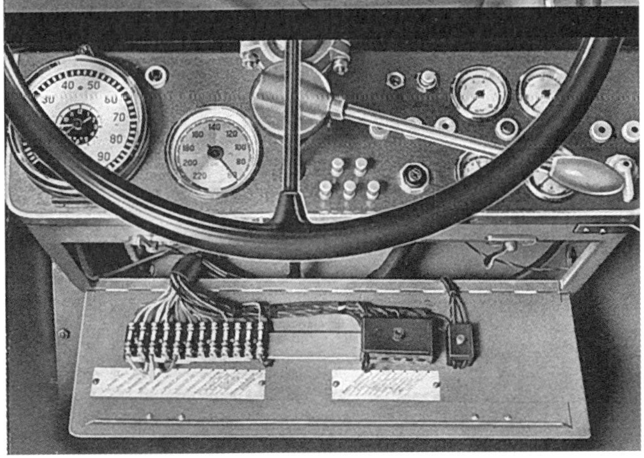

Magirus, die Ulmer Spezialfabrik für Feuerwehrgeräte, produzierte seit 1916 Lastwagen. Mitte der dreißiger Jahre, nach der Angliederung an die Klöckner-Humboldt-Deutz AG, verschwand für über ein Jahrzehnt der bekannte Markenname. Die wassergekühlten S 3000 der Kriegszeit und die der frühen Nachkriegsjahre verzichteten sogar auf das stilisierte Ulmer Münster im Kühlergrill und trugen den Konzernnamen oder die verkürzte Version Klöckner-Deutz.

Fahrerhaus und Haube des luftgekühlten Magirus S 3500 unterschieden sich von den Vorgängermodellen nur durch die durchgehende Frontscheibe, größere Scheinwerfer sowie die unterschiedliche Struktur der seitlichen Lufteinläße (eine Prospektabbildung zeigt zusätzliche Luftschlitze an der Oberseite der Haube).

Leistung

Harmonische Abstimmung von Radstand, Spurweite, Getriebestufungen, Achsübersetzung und Gesamtschwerpunktlage gewähren sicheres und flottes Fahren in engen, kurvenreichen Straßen und schwerem Gelände. Bei abfallender Drehzahl des Motors bis zu 1100 U/min. steigt das Drehmoment, wodurch günstigste Fahreigenschaften in Ebene und Gebirge erzielt werden. Das Verbrennungsverfahren mit der DEUTZ-Wirbelkammer sichert leichtes Anspringen des Motors selbst bei minus 40° Celsius. MAGIRUS Typ S 3500 ist mit seiner großen Geschmeidigkeit und Anpassungsfähigkeit an jedes Gelände unerreicht und ermöglicht durch große, robuste Aufbauten eine vollständige Ausnutzung der hohen Fahrgestell-Tragfähigkeit.

Sicherheit

Öldruck-Vierradbremse, als kräftige Innenbacken-Lenkerbremse durch Hebelübersetzung wirksam gestaltet. Spezial-Grauguß-Bremstrommeln. Bremswirkung weich beginnend und fortschreitend ansteigend, wodurch kürzeste Bremswege bei schleuderfreier hoher Verzögerung erreicht werden. Fahrgestellrahmen in genieteter Konstruktion und bei nahezu 25000 Fahrzeugen im Betrieb seit Jahren erprobt und bewährt, unempfindlich gegen stärkste Verwindungen und Überbeanspruchungen, bei einfachster Reparaturmöglichkeit.

Wendigkeit

Bei der Wahl der Lenkung wurde besondere Sorgfalt aufgewendet. Die von uns eingebaute ZF-Roßlenkung garantiert sichere, stoßfreie und leichte Gängigkeit. Der Wenderadius beträgt nur etwa 8,50 m bei einem Radstand von 4200 mm. In Verbindung mit der sorgfältig durchkonstruierten Federung – vorne Spezialausführung mit Wälzbock bei hohem Weichheitsgrad schwingungsdämpfend arbeitend, hinten durch Zusatzfedern progressiv wirkend und den verschiedensten Auslastungen angepaßt – ist ermüdungsfreie Fahrt garantiert.

Schnelligkeit

Hohe Elastizität des Motors, günstige Gesamtübersetzung in Getriebe und Hinterachse. 5-Gang-Getriebe, 5ter Gang Schnellgang, Gangübersetzungen für geschmeidige Fahrt in den verschiedensten Straßen- und Geländeverhältnissen bemessen, verleihen die große Geschwindigkeit von ca. 85 km in der Spitze. Die Luftkühlung des Motors bewirkt gleichmäßige Kühlverhältnisse bei hohen und niedrigen Drehzahlen und verhindert damit thermische Überlastungen. Die Ölkühlung ist mit Kurzschlußleitung eingerichtet und bewirkt richtige, ausgeglichene Öltemperatur unter allen Betriebsbedingungen.

Wirtschaftlichkeit

Der luftgekühlte Dieselmotor der Bauart F4L 514 sichert günstige Verbrauchszahlen bei Voll- und Teillast und bisher unerreicht niedrige Streckenverbräuche von nur 12-14 Liter pro 100 km. Unempfindlich gegen Hitze und Kälte; kein Einfrieren, kein Kochen, kein Einfüllen von Kühlwasser. Die Luftkühlung vermeidet schädliche Unterkühlung bei Start und Langsamfahrt, daher betragen die Laufzeiten des Motors das Doppelte gegenüber wassergekühlten Maschinen. Einzelzylinder und Einzelköpfe gewähren billigste, einfachste und schnellste Reparaturmöglichkeit von Verschleißteilen.

Erst mit den luftgekühlten S 3000 und S 3500 kehrte man ab 1949 zur angestammten Firmenbezeichnung zurück. Der abgebildete Prospekt aus dem Jahr 1949 verzichtete sogar auf den Zusatz »Deutz«.

Magirus-Deutz S 3500 Pluto

Zur ersten IAA in Frankfurt im Frühjahr 1951 präsentierte Magirus-Deutz eine völlig neue Karosserieform, die später als »Rundhauber« in die Geschichte einging. Der S 3500 unterschied sich von den Konkurrenten durch eine elegant gewölbte Alligatorhaube mit dem dominierenden Markenzeichen. Die – oft farblich abgesetzten – Kotflügel erinnerten an den gerade populär gewordenen Volkswagen. 1955 versah man die Magirus-Typenreihe mit zusätzlichen Namen – der S 3500 wurde als Pluto angeboten.

Magirus S 6500

Mit der Einführung der neuen Karosserieform unternahm Magirus erstmals nach dem Krieg den Vorstoß in eine höhere Klasse: der S 6500 wurde mit einem luftgekühlten V-8-Diesel mit über 10 Liter Hubraum und einer Leistung von 175 PS angekündigt. Gebaut wurde der S 6500 mit einer Nutzlast von sieben Tonnen und 170 PS von 1951 bis 1955.

Der stärkste deutsche luftgekühlte Dieselmotor in V-Form. Der Einbau ist durch seine gedrungene Bauweise auf kleinstem Raum möglich. Günstige Kühlluftführung durch zentrale Anordnung des mechanisch angetriebenen Kühlgebläses.
Zylinderinhalt: 10 644 cm^3
Motorleistung: 175 PS.

The most powerful German air-cooled Diesel engine in V-shape. Requires very little space for mounting due to its compact design. Favourable flow of cooling air by means of central arrangement of the mechanically driven blower.
Swept volume: 10,644 cm^3
Engine capacity: 175 HP.

DEUTZ-MOTOR F8L 614 • DEUTZ ENGINE F8L 614

Seinen kleineren Bruder kennen Sie schon. You know its smaller brother already.

Stets startbereit, unempfindlich gegen Hitze und Kälte, wirklich ein anspruchsloses Fahrzeug.

Always ready for service, indifferent to heat and cold, a really unassuming vehicle.

Magirus A 4500 Mercur

VERWINDUNG

Der Allrad-Lastkraftwagen wird vor allem in schwierigem Gelände, abseits befestigter Straßen eingesetzt. Daß die Gesamtkonstruktion des Fahrzeuges dem Einsatz im Gelände in besonderer Weise gerecht werden muß, ist selbstverständlich. Die Fahrtüchtigkeit des Wagens ist nur dann in vollem Umfang gegeben, wenn alle 4 Räder auch bei starken Unebenheiten Bodenkontakt haben. Das Material und die Konstruktion des elastischen Rahmens sowie die Lagerung der Achsen ermöglichen den Einsatz des Magirus-Deutz Allradwagens in jedem Gelände.

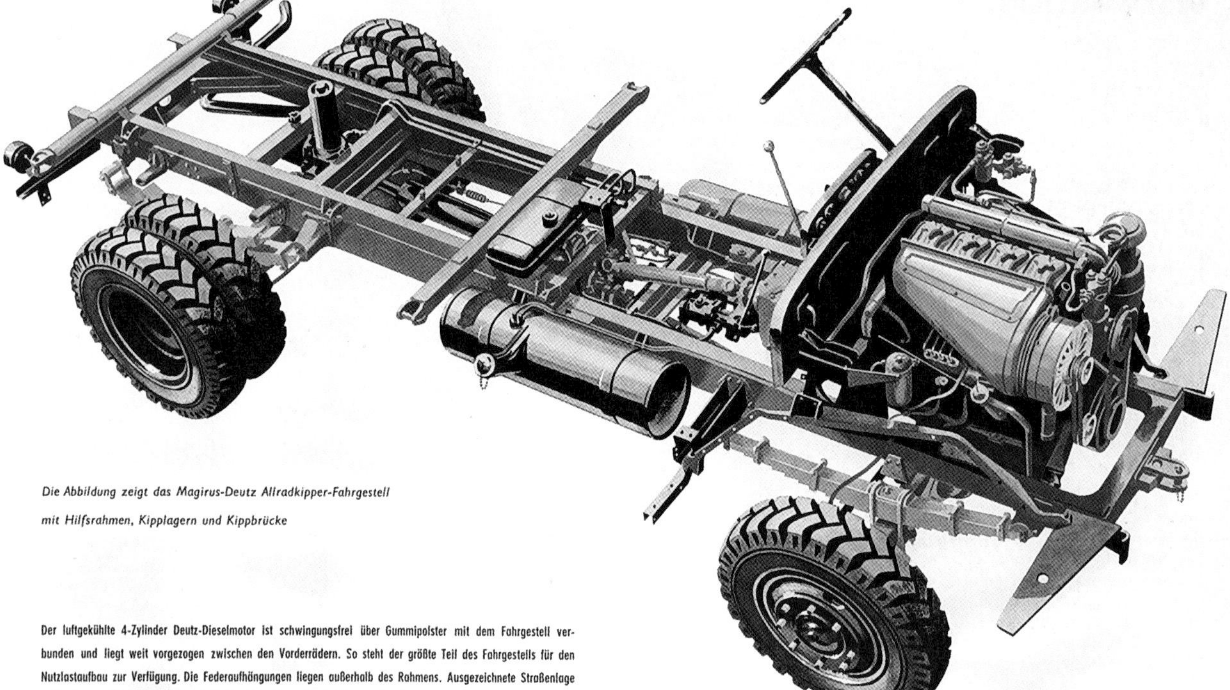

Die Abbildung zeigt das Magirus-Deutz Allradkipper-Fahrgestell mit Hilfsrahmen, Kipplagern und Kippbrücke

Der luftgekühlte 4-Zylinder Deutz-Dieselmotor ist schwingungsfrei über Gummipolster mit dem Fahrgestell verbunden und liegt weit vorgezogen zwischen den Vorderrädern. So steht der größte Teil des Fahrgestells für den Nutzlastaufbau zur Verfügung. Die Federaufhängungen liegen außerhalb des Rahmens. Ausgezeichnete Straßenlage und sehr gute Kurvenstabilität sind die Vorzüge dieses Konstruktionsmerkmals.

Der 1955 eingeführte A 4500 Mercur wendet sich optisch völlig von den erfolgreichen »Rundhaubern« ab: die kantigen Formen von Motorhaube und Führerhaus werden durch die eckigen Kotflügel betont. Diese Interpretation der ersten Nachkriegs-Karosserie war so gelungen, daß sie bis in die siebziger Jahre den Stil der »deutschen Bullen« prägte. Angetrieben wurde das bis 1962 produzierte Baustellenfahrzeug von einem luftgekühlten Vierzylinder-Diesel mit 85 PS.

Der Hanomag HA 4500 war der Vorläufer der AL 28-Typen, die bis in die siebziger Jahre beim Bundesgrenzschutz und beim technischen Hilfswerk liefen.

Ein rarer Vogel in diesem Prospekt: der Hanomag Pickup, der 1953 in Hannover für den südamerikanischen Markt entwickelt wurde.

Diese Werbebroschüre von 1954 stellte den Henschel HS 100 in allen Variationen und Situationen vor, begleitet von Schüttelreimen: »Auf Straßen vieler Länder des Planeten, ist HS 100 heute stark vertreten. Im Tropenwald von Kamerun hat HS 100 viel zu tun.«

Der Prospekt von 1951 stellte die elegante Frontpartie des Südwerke Titan in den Vordergrund. Der Begriff »Schwerstlastkraftwagen« ermöglichte bis heute keine Steigerung!

MAGIRUS-DEUTZ-LASTKRAFTWAGEN

TYP S 5500 SATURN

Unbestechlicher Maßstab für Qualität und Leistungsfähigkeit eines Nutzkraftfahrzeuges sind seine Kilometerleistungen ohne Motorüberholung. Von 1948 bis heute konnten wir 17400 Fahrer und ihre Magirus-Deutz-Fahrzeuge für Kilometerleistungen von 100000 bis weit über 300000 km auszeichnen.

DIE AUSSTATTUNG DES FAHRERHAUSES

Der ausführliche Farbkatalog des Magirus-Deutz S 5500 Saturn erlaubt einen Blick auf das »erschütterungsfreie« Vierspeichen-Lenkrad und die »trittgerechten Fußhebel«.

Die Härte des täglichen Einsatzes in den Wiederaufbau- und Wirtschaftswunderjahren dokumentieren diese Typenblätter des Magirus-Rundhauber S 4500/6 Mercur und des A 7500 Jupiter aus dem Jahr 1955.

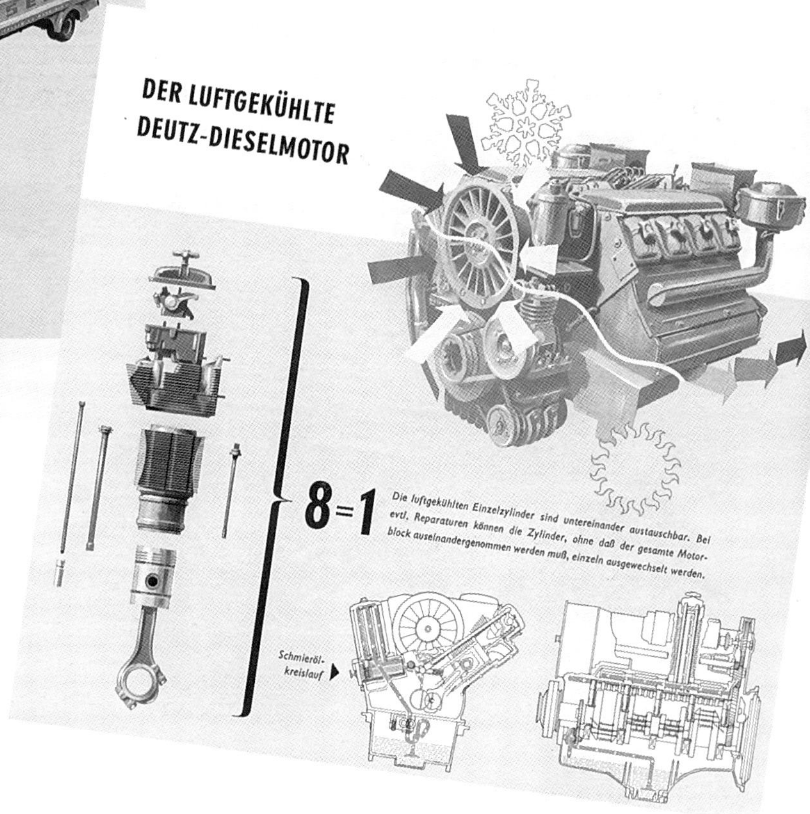

Der Magirus-Deutz Jupiter war das aus dem S 6500 entstandene Spitzenmodell des Hauses und lief unter dieser Bezeichnung ab 1955. Den luftgekühlten V-8-Motor behielt Magirus-Deutz bis zum Produktionsende im Jahr 1959 unverändert bei.

EIN WIRTSCHAFTLICHER LASTKRAFTWAGEN
FÜR DEN STADT- UND ÜBERLANDVERKEHR
FÄLLT NICHT UNTER DAS SONNTAGS-FAHRVERBOT

Der Magirus-Deutz Lastkraftwagen Sirius 90-L, ein Lkw der 3,5 bis 4-Tonner-Klasse, ist mit den Radständen 4200 und 4850 mm lieferbar. Mit einem Gesamtgewicht von 7450 kg fällt der Sirius 90-L als Solofahrzeug nicht unter das Fahrverbot an Sonntagen und gesetzlichen Feiertagen. Bei dem Fahrzeug mit 4200 mm Radstand ist für die Fahrerlaubnis der Besitz des Führerscheins Klasse 3 ausreichend, weil das Leergewicht unter 3,5 to liegt. Die gedrungene Bauart des Motors und die dadurch mögliche kurze Motorhaube gestatten dem Fahrer eine besonders gute Sicht. Synchron-Getriebe serienmäßig.
Beschleunigungsvermögen, Zugleistung und Bergfreudigkeit hängen in entscheidender Weise vom Drehmoment ab. Auch der Sirius 90-L erfüllt mit einer Motorleistung von 90 PS und einem maximalen Drehmoment von 26,5 mkg diese Forderungen.

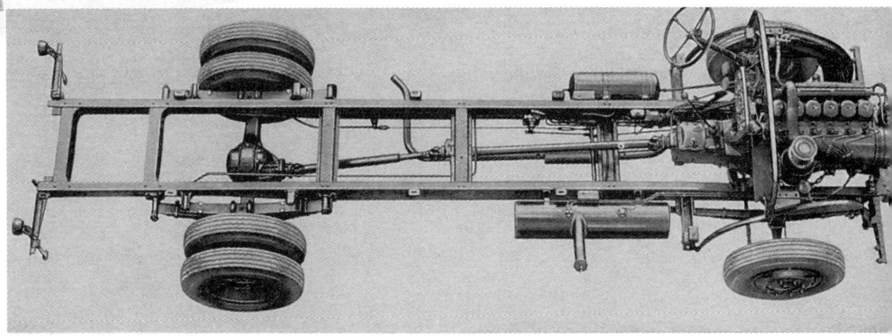

Der Sirius 90-L von 1959 stellte die Grundform für den langlebigsten Magirus-Rundhauber dar. Auffälligste Kennzeichen dieser Serie waren die Blinker auf den Kotflügeln und der teilweise abgedeckte Lufteinlaß. In ähnlicher Form fertigte Magirus für den Paketdienst der »Deutschen Bundespost« noch 1971 die letzten Rundhauber.

MAN

MAN begann im Ersten Weltkrieg mit der Herstellung von Nutzfahrzeugen im Nürnberger Werk und erwarb sich in den folgenden Jahrzehnten einen guten Ruf. Ab Sommer 1945 setzte man die Produktion mit dem bewährten ML 4500 S fort, der ab 1946 unter der Typenbezeichnung MK mit einer Leistung von 120 PS weitergeführt wurde.

Das Gesamtprogramm aus den frühen fünfziger Jahren stellt die wichtigsten Typen von MAN mit unterschiedlichen Aufbauten vor. Die 1950 eingeführten Typen MK 25 und MK 26 unterschieden sich vom Vorgängermodell durch eine weniger kantige Kühlermaske, ovale seitliche Luftgitter (statt Schlitzen) sowie die reichlichere Verwendung von Chromzierat.

M·A·N DIESEL
LASTWAGEN FÜR ALLE ZWECKE: SATTELSCHLEPPER, KIPPER, TANKWAGEN, KOMMUNALFAHRZEUG
Camions pour tout service — avec toutes les carrosseries spéciales
Camiones para todos los usos, con toda clase de carrocerias especiales
Caminhões para todos os fins · Com qualquer carosseria especi
Trucks for all purposes and for all types of bodies
TYP MK 26 · 130 PS
TYP MK 25 · 120 PS
TYP F 8 · 180 PS
SCHWERSTLASTWAGEN
Camion poids lourd
Camión para cargas pesadas
Caminhão pesado
Heavy duty truck
NIEDERRAHMENFAHRGESTELL FÜR OMNIBUSSE UND SONDERFAHRZEUGE
TYP MKN 26 · 130 PS
Châssis surbaissé pour autobus et véhicules speciaux
Chasis de bastidor bajo para autobuses y vehículos especiales
Chassis baixo para ônibus e veiculos especiais
Low-frame chassis for omnibuses and special purpose vehicles
DANLER & CIE NÜRNBERG
NÜRNBERG

MAN F 8

Der MAN F 8 war ab 1951 lange Jahre das Aushängeschild und Spitzenmodell der Nürnberger Marke. Nach Verlegung der Produktion in die Münchner Werksanlagen blieb der F 8 bis 1963 noch in kleinen Stückzahlen im Programm.

DER MOTOR

Im 8-Zylinder M·A·N-Diesel-Motor mit 180 PS sind die Erfahrungen eines halben Jahrhunderts Dieselmotorenbaues vereinigt. Der niedrige spezifische Brennstoffverbrauch von 160—170 gr/PSh wird durch die direkte Strahleinspritzung in den Kugelbrennraum erreicht. Hiermit wird auch das hervorragende Startvermögen begründet.

Die kurze Baulänge durch V-Anordnung — vollständiger Massenausgleich durch 90° Gabelwinkel-Motoraufhängung an vorderer und hinterer Stahlplatte — vollkommene Staubabdichtung aller Wellendurchtritte sind Vorteile, die für sich sprechen.

Der wirtschaftliche und sparsame Motor mit direkter Strahleinspritzung in den Kugelbrennraum des Kolbens

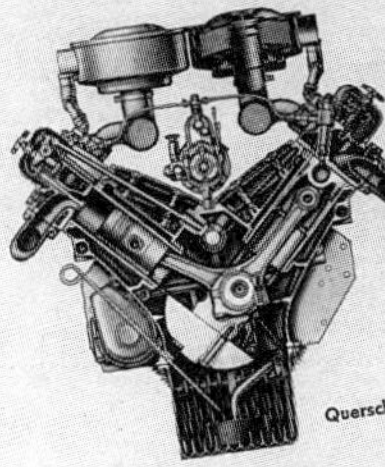

Querschnitt

Typ D 1548 G

Arbeitsverfahren	Viertakt
Hub	140 mm
Bohrung	115 mm
Zylinderzahl	8
Hubraum	11663 m³
Leistung	180 PS
Drehmoment	70 mkg
Drehzahl	2000 U/min.
Spez. Kraftstoffverbrauch	160/170 g/PSh
Kraftstoffnormverbrauch	22,5 Ltr./100 km

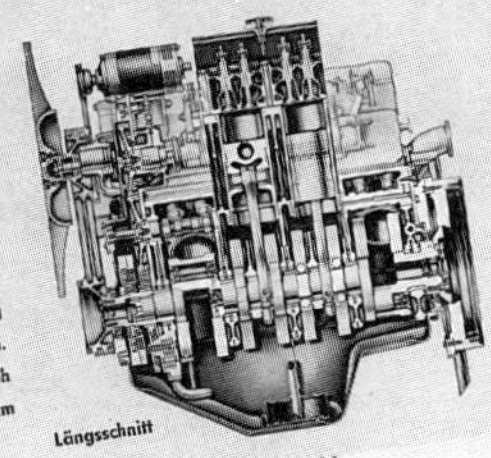

Längsschnitt

DIE KONSTRUKTION

F 8 setzt die M·A·N ihre Tradition im Schwerstlast-
rt. Kräftige Bauweise und eine Ausführung, die den
größten Beanspruchungen standhält, sind Merkmale, die sich aus den fast 40-jährigen Erfahrungen im Lastwagenbau mit den neuesten technischen Erkenntnissen vereinigen. Die Belastbarkeit dieses zuverlässigen Fahrzeugtyps ist höher, als die Bestimmungen über das gesetzliche Höchstgewicht zulassen.

Abmessungen für Radstand 4900 mm:

A	Länge über alles	7930 mm
B	Radstand	4900 mm
C	Vordere Fahrzeug-Überhanglänge	1220 mm
D	Hintere Fahrzeug-Überhanglänge	1690 mm
D1	Hintere Rahmen-Überhanglänge	1320 mm
E	Höhe über Fahrerhaus, unbelastet	2800 mm
F	Länge der Ladefläche	5000 mm
G	Breite der Ladefläche	2336 mm
H	Bordwandhöhe	700 mm
J	Höhe der Ladefläche, belastet	1330 mm
K	Rahmenhöhe, belastet	ca. 930 mm
L	Höhe Ladefläche über Rahmenoberkante	410 mm
M	Breite über alles	2500 mm
N	Spurweite vorn	2050 mm
O	Spurweite hinten	1750 mm
P	Maß über äußere Hinterräder	2470 mm
Q	Abstand Mitte Anhängerkupplungsbolzen bis Mitte Hinterachse	1430 mm
S	Höhe über Plangestell normal, unbelastet	ca. 3300 mm
R	Rahmenbreite hinten	620 mm
T	Rahmenbreite vorn	920 mm
	Bodenfreiheit 280 mm vorn, 339 mm hinten	

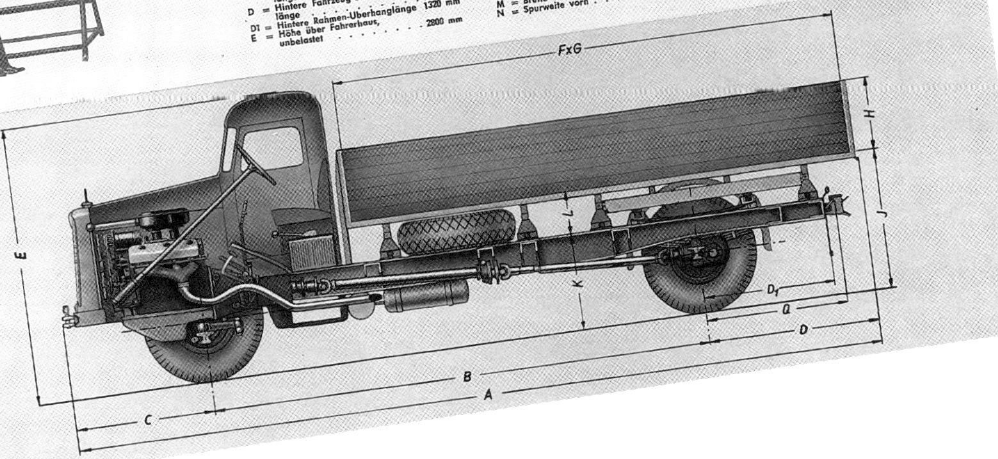

Der eindrucksvolle F 8 zählte bei seiner Vorstellung auf der IAA 1951 mit 180 PS zur oberen Leistungsklasse der Lastwagen in der jungen Bundesrepublik. Wichtige Unterscheidungsmerkmale des Spitzentyps waren eine massigere Haube und die in die breiten Kotflügel integrierten Scheinwerfer, die erst ab 1953 bei anderen Typen des MAN-Programms eingeführt wurden.

MAN 630 L2

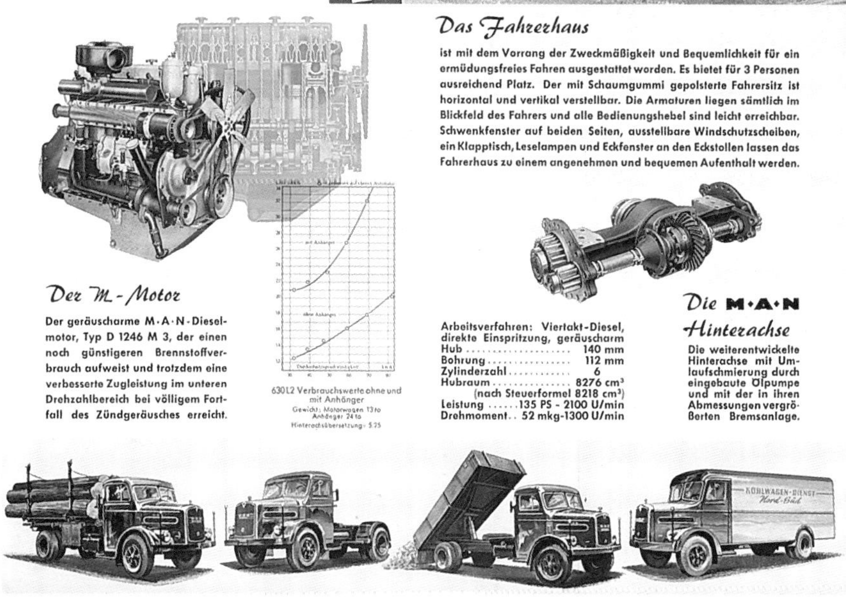

Das Fahrerhaus

ist mit dem Vorrang der Zweckmäßigkeit und Bequemlichkeit für ein ermüdungsfreies Fahren ausgestattet worden. Es bietet für 3 Personen ausreichend Platz. Der mit Schaumgummi gepolsterte Fahrersitz ist horizontal und vertikal verstellbar. Die Armaturen liegen sämtlich im Blickfeld des Fahrers und alle Bedienungshebel sind leicht erreichbar. Schwenkfenster auf beiden Seiten, ausstellbare Windschutzscheiben, ein Klapptisch, Leselampen und Eckfenster an den Eckstollen lassen das Fahrerhaus zu einem angenehmen und bequemen Aufenthalt werden.

Der M-Motor

Der geräuscharme M·A·N-Dieselmotor, Typ D 1246 M 3, der einen noch günstigeren Brennstoffverbrauch aufweist und trotzdem eine verbesserte Zugleistung im unteren Drehzahlbereich bei völligem Fortfall des Zündgeräusches erreicht.

630 L2 Verbrauchswerte ohne und mit Anhänger
Gewicht: Motorwagen 13 to
Anhänger 24 to
Hinterachsübersetzung: 5.75

Arbeitsverfahren: Viertakt-Diesel, direkte Einspritzung, geräuscharm

Hub	140 mm
Bohrung	112 mm
Zylinderzahl	6
Hubraum	8276 cm³ (nach Steuerformel 8218 cm³)
Leistung	135 PS - 2100 U/min
Drehmoment	52 mkg-1300 U/min

Die M·A·N Hinterachse

Die weiterentwickelte Hinterachse mit Umlaufschmierung durch eingebaute Ölpumpe und mit der in ihren Abmessungen vergrößerten Bremsanlage.

Der Prospekt des MAN 630 L 2 – von 1955 bis 1956 im Programm – zeigt die Vielfalt der Aufbaumöglichkeiten für diese ausgereifte Baureihe. Die Produktion des 6,5-Tonners wurde 1957 eingestellt und durch die 7,5-Tonner mit der Bezeichnung 735 bzw. 745 ersetzt.

Der MAN 415 L 1 ist ein Musterbeispiel für die neuen Haubenwagen, die an der Frankfurter IAA 1955 als Typ 400 L 1 debütierten. Die rundliche Grundform blieb für die MAN-Haubenwagen bis in die Gegenwart gültig.

VIELSEITIG VERWENDBAR

Starke U-Profil-Längsträger mit eingenieteten Querträgern bilden den Rahmen des Fahrgestells. Für besonders schwere Beanspruchungen ist eine verstärkte Rahmen-Ausführung lieferbar. Kühler, Motor, Kupplung und Getriebe sind auf einem Hilfsrahmen montiert und können zusammen nach vorne ausgefahren werden. Die robuste und verwindungssteife Konstruktion und die günstigen Abmessungen sind die Gründe dafür, daß dieses Fahrgestell auch für Spezialaufbauten aller Art immer mehr bevorzugt wird.

Kupplung:
Einscheiben-Trockenkupplung Fichtel & Sachs G 30 KZ.

Wechselgetriebe:
ZF-5-Gang-Allklauen-Leichtschaltgetriebe.

Hinterachse:
M.A.N.-Bauweise, Tragachse und Triebachse getrennt, Seitengehäuse mit Stirnradübersetzung; eingebaute Ölpumpe zur Schmierung d. Zahnräder und Lager des Achstriebwerkes.

Vorderachse:
Gerade Faustachse.

Lenkung:
Bauart ZF Gemmer-Lenkung, serienmäßig Linkslenkung. und Lager des Achstriebwerkes.

Räder:
Scheibenräder mit Schrägschulterfelge 6,5-20.

Bereifung:
8,25-20 eHD Super.

Kraftstoffbehälter:
1 Behälter 100 l Inhalt.

DAS BAUPROGRAMM

Mit seinen verschiedenen Ausführungen wird das Bauprogramm allen Wünschen gerecht.

415 L 1 – Haubenwagen

Sattelschlepperfahrgestell	Radstand 3200 mm Radstand 3600 mm
Kipperfahrgestell	Radstand 3600 mm
Kipper mit 3,4 m-Kippaufbau	Radstand 3600 mm
Pritschenwagenfahrgestell	Radstand 4200 mm
Pritschenwagenfahrgestell	Radstand 4800 mm
Pritschenwagen mit 4,5 m-Ladebrücke (9,45 qm)	Radstand 4200 mm
Pritschenwagen mit 5,5 m-Ladebrücke (11,55 qm)	Radstand 4800 mm
Haubenwagenfahrgestell mit Fahrerhausansatz .	alle vier Radstände
Haubenwagenfahrgestell mit Allradantrieb . .	Radstände 3600, 4200 mm

415 L 1 F – Frontlenker

Frontlenker ohne Fahrerhaus	alle vier Radstände
Frontlenker mit Fahrerhaus	alle vier Radstände
Frontlenker-Pritschenwagen	
mit 4,6 m-Ladebrücke (9,66 qm)	Radstand 3200 mm
mit 5,3 m-Ladebrücke (11,13 qm)	Radstand 3600 mm
mit 6,2 m-Ladebrücke (13,02 qm)	Radstand 4200 mm
mit 7,0 m-Ladebrücke (14,7 qm)	Radstand 4800 mm

HINTERACHSE

Der Vorteil der Hinterachse in M.A.N.-Bauweise – Tragachse von Triebwerk getrennt – ist die Fernhaltung aller Beanspruchungen durch Fahrzeuglast und Fahrbahnunebenheiten von der Antriebsachse. Die Schmierung der Antriebselemente im Achs-Mittelgehäuse und in den Seitengehäusen erfolgt durch eine Kolbenölpumpe, die das Schmieröl zu allen Lagerstellen und Zahnrädern drückt.

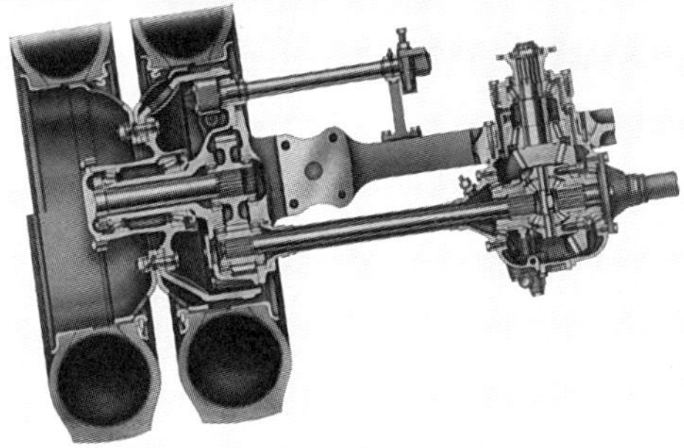

Der MAN 415 L 1 mit 115-PS-Dieselmotor und die von ihm abgeleiteten Frontlenker erwiesen sich als wahre Dauerbrenner – die beiden 4,5-Tonner blieben bis Anfang der siebziger Jahre im Programm des Münchner Lastwagenproduzenten.

Mercedes-Benz L 4500

Mit geringen Stückzahlen begann im Werk Gaggenau 1945 die Fertigung schwerer Mercedes-Lastwagen. Die Mechanik des im Krieg bewährten L 4500 mit dem 120-PS-Dieselmotor entsprach durchaus dem Stand der Technik, das Einheits-Fahrerhaus aus Holz und die magere Ausstattung mit simplen Kotflügeln zeigten deutlich, wie schwer der Wiederbeginn auch für renommierte Hersteller war. Ab 1948 erhielt der »Wiederaufbauhelfer« ein Stahlblech-Fahrerhaus und wurde als L 5000 bis 1952 produziert.

Übersichtlich und zweckmäßig – so beschrieb der Prospekt von 1947 die Armaturentafel – war die gesamte Ausstattung: der Rückblickspiegel, reichhaltiges Werkzeug und ein bereiftes Ersatzrad wurden als Bestandteile der Serienausstattung gesondert erwähnt.

Mercedes-Benz LK 311

Das Werk Mannheim stellte 1949 mit dem L 3250 / L 311 das modernste Fahrzeug der Mercedes-Palette vor. Der schon Anfang 1950 in L 3500 umbenannte Lastwagen setzte Maßstäbe für das kommende Jahrzehnt. Bis zur Einführung der Kurzhauber-Baureihe im Jahr 1959 und der Zunahme von Frontlenker-Aufbauten waren die Formen von Kühlermaske und Führerhaus typische Erkennungszeichen der Mercedes-Lastwagen.

Zugfrei belüftet

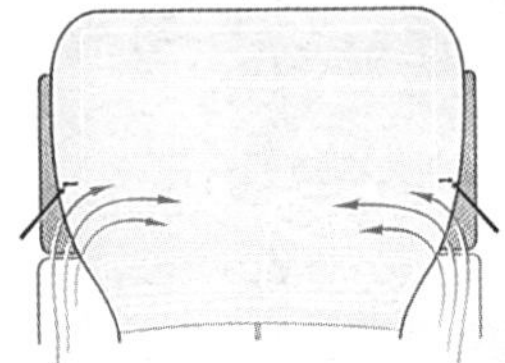

Drehfenster mit Windblenden auf beiden Seiten des Fahrerhauses sorgen unter Vermeidung jeglicher Zugluft für eine intensive Belüftung des Fahrerhauses. Durch je ein Kurbelfenster in den beiden Türen kann die Kühlwirkung bei hohen Außentemperaturen verstärkt werden

Bequem zu dreien

Das geräumige Fahrerhaus mit durchgehender Sitzbank bietet drei Personen bequem Platz. Gute Polsterung und große Beinfreiheit ermöglichen eine bequeme Sitzhaltung und damit einen langen ermüdungsfreien Aufenthalt im Fahrerhaus. Bis ins letzte Detail haben verständnisvolle Konstrukteure an alles gedacht. Kleiderhalter, großer Handschuhkasten im Armaturenbrett, geräumige Kartenfächer in den Türverkleidungen und eine Leselampe sind einige der Dinge, die Fahrer und Beifahrer schätzen

...wie im Personenwagen

Komfortmerkmale wie im Personenwagen, das handliche Format und die robuste Konstruktion sorgten für die überdurchschnittliche Beliebtheit des ab 1955 als L 311 bezeichneten 3 1/2-Tonners – die Allradausführung hieß LA 311. Der zuverlässige Dieselmotor OM 312 mit 4580 ccm leistete anfangs 90 PS, ab 1956 100 PS.

Der LA 311 und sein Fahrgestell

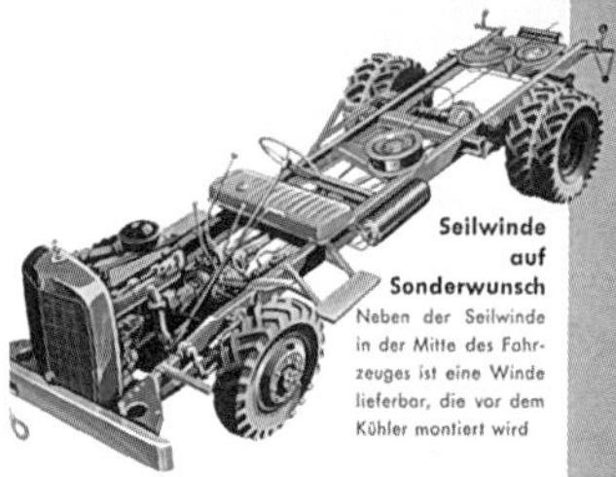

Seilwinde auf Sonderwunsch

Neben der Seilwinde in der Mitte des Fahrzeuges ist eine Winde lieferbar, die vor dem Kühler montiert wird

Konstruktive Grundlage blieb das vieltausendfach bewährte Fahrgestell des Typ L 311 mit Hinterachsantrieb. Durch Hinzufügen des Vorderantriebs wurde lediglich die Einsatzmöglichkeit dieses Lastwagens erweitert. Der elastische Rahmen hat sich in schwierigstem Gelände durch stets gleichbleibende Festigkeit ausgezeichnet bewährt. Die feste Verbindung der starken Querträger mit den Längsträgern gewährleistet fast unbegrenzte Haltbarkeit. Kräftige Öldruckbremsen, die beim LA 312 durch eine Druckluft-Servobremse verstärkt werden, geben den Allradlastwagen eine weiche, aber unentrinnbar feste Bremswirkung

Alle Antriebsteile der Vorderachse sind einschließlich Differential mit denen der Hinterachse völlig austauschbar.
Das doppelte Kardangelenk, welches den Lenkwinkel der Vorderräder halbiert und dadurch gleichmäßigen Antrieb gewährleistet, ist dreifach gegen jedes Eindringen von Staub und Schmutz gesichert. Durch sorgfältige Geometrie der Lenkung wurde eine erstaunliche Leichtgängigkeit und Stoßfreiheit ermöglicht, womit die Fahrsicherheit dieser Lastwagen wesentlich erhöht und eine bisher nur bei Personenwagen gekannte Bequemlichkeit für den Fahrer erreicht wurde

Gut geschützt

liegt das Verteilergetriebe in der Mitte des Fahrgestellrahmens.
Ebenso sicher vor Beschädigungen ist das mit Gleitschuhen versehene Differentialgehäuse aus Stahl.
Die Kardanwellen laufen in Nadellagern, die zweifach vor Staub, Schmutz und Wasser geschützt sind.
Wie die Hinterräder sind auch die Vorderräder auf Kegelrollen gelagert, während die besonders gehärteten Drehzapfen auf Gleitlagern laufen. So werden selbst bei härtester Beanspruchung längste Laufzeiten ohne Verschleiß erreicht

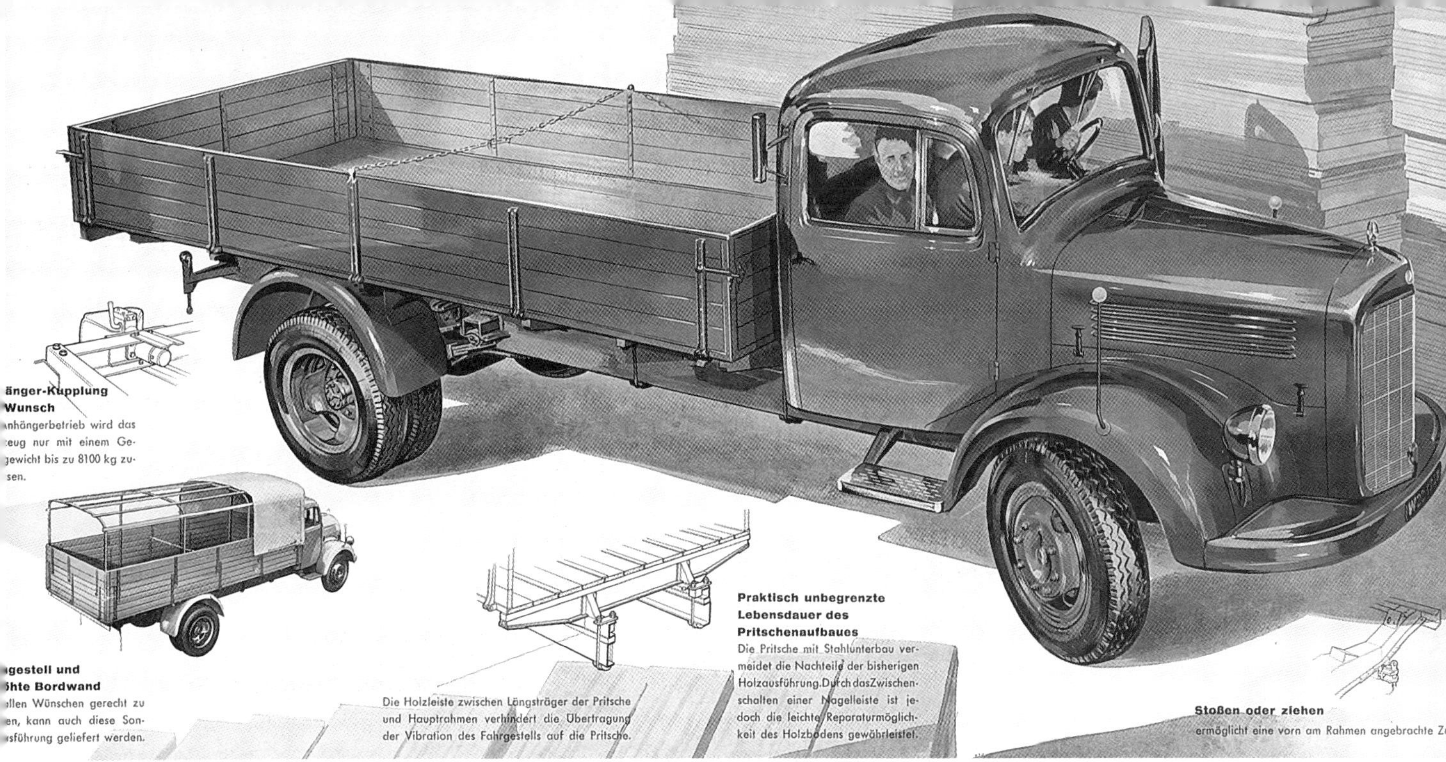

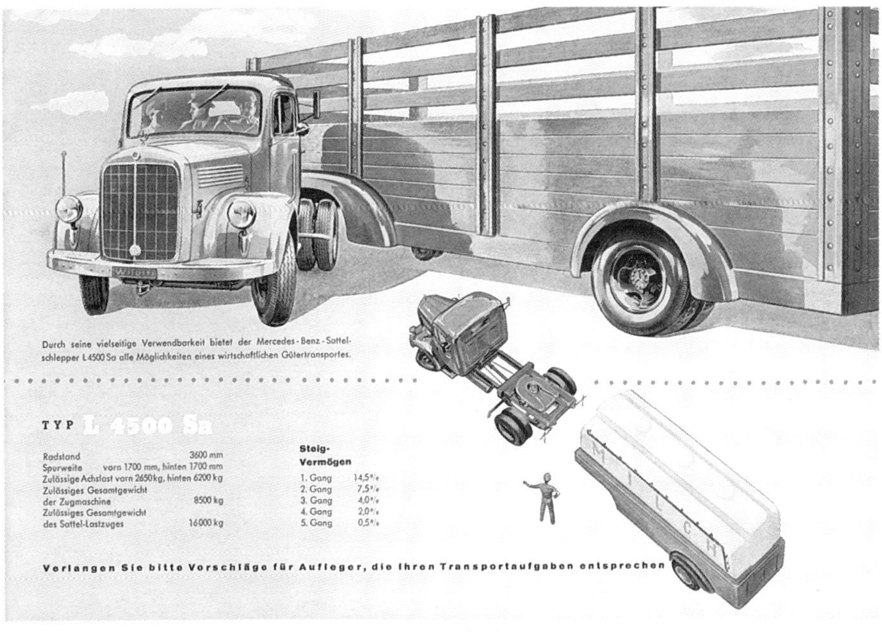

Die 1953 eingeführte 4,5-Tonnen-Version L 4500, die motorisch und technisch mit dem L 3500 identisch war, wurde im Zuge der Neutypisierung 1955 als L 312 bezeichnet. Beide Modelle erreichten im Werk Mannheim bis zum Produktionsende 1961 eine Stückzahl von über 130.000 Fahrzeugen. Die argentinischen und brasilianischen Mercedes-Filialen sowie Tata in Indien montierten aus Mannheimer Teilesätzen weitere 230.000 Exemplare, ein deutlicher Beweis für die universelle Einsetzbarkeit und Leistungsfähigkeit dieser Baureihe.

L 6600

und sein Rückgrat

das robuste Fahrgestell. Hier wurde durch bestes Material und günstige Formgebung jeder überflüssige Gewichtsaufwand vermieden. Die beiden kräftigen Rahmenlängsträger aus Stahl sind durch 7 Querträger mittels Nietung verbunden und bilden somit die richtige Grundlage für jeden gewünschten Sonderaufbau. Großdimensionierte Räder und Reifen, starke Federn und die mit größter Sorgfalt durchkonstruierte Kraftübertragung vollenden das Bild eines schweren Diesel-Lastwagens, der in allen Teilen den gesteigerten Erfordernissen des heutigen Straßengüterverkehrs entspricht.

Wendekreis-Durchmesser
L 6600 (4,6 m Radstand) – ca. 18,5 m
L 6600 (5,2 m Radstand) – ca. 20,4 m
L 6600 Sa – ca. 15,5 m

Um die Leistung des Motors OM 315 noch zu erhöhen, wird die Verbrennungsluft von außen angesaugt.

– seine Bequemlichkeit

breite Türen

ermöglichen bequemen Einstieg. Durch sorgfältige Isolation wurde alles getan, um das Fahrerhaus gegen Geräusche und Erschütterungen abzuschirmen. Drei Personen finden hier reichlich Platz. Durch die Verstellbarkeit des Fahrersitzes sowie der Fußhebel wurde bei größter Bequemlichkeit absolute Fahrsicherheit erreicht.

übersichtlich und reichhaltig

ist die Ausstattung des Armaturenbrettes. Rechts Tachometer (Tachograf gegen Mehrpreis), links das große Ein-Blick-Instrument, auf dem Bremsdruck, Öldruck und Kühlwassertemperatur leicht ablesbar sind. Große Taschen für die Wagenpapiere in den Türverkleidungen und ein geräumiger Ablagekasten, sowie Kleiderhaken und Leselampe ergänzen die reichliche Ausstattung.

Auf Wunsch werden die beim L 6600 mit Radstand 5,2 m serienmäßigen Stoßdämpfer an der Vorderachse auch beim L 6600 mit Radstand 4,6 m eingebaut.

1950 kam das Gaggenauer Mercedes-Werk mit der ersten Neuentwicklung nach Krieg auf den Markt. Der L 6600, stilistisch ein naher Verwandter der kleineren Brüder aus Mannheim, war durch eine spitzere Kühlermaske (die bei Fernlastzügen oft durch eine verchromte Umrandung aufgewertet wurde) und die seitlichen Luftschlitze auf den ersten Blick zu erkennen.

Den mächtigen L 6600 führte man ab 1954 unter der Typenkennung L 315 weiter, mit dem der Höhepunkt und gleichzeitig das Ende dieser Fahrzeuggattung erreicht war. Als erster Schwerlastwagen der Stuttgarter Marke kam der LP 315 mit einem Frontlenker-Fahrerhaus auf den Markt, das nicht von einer Karosseriefirma, sondern vom Werk selbst hergestellt wurde.

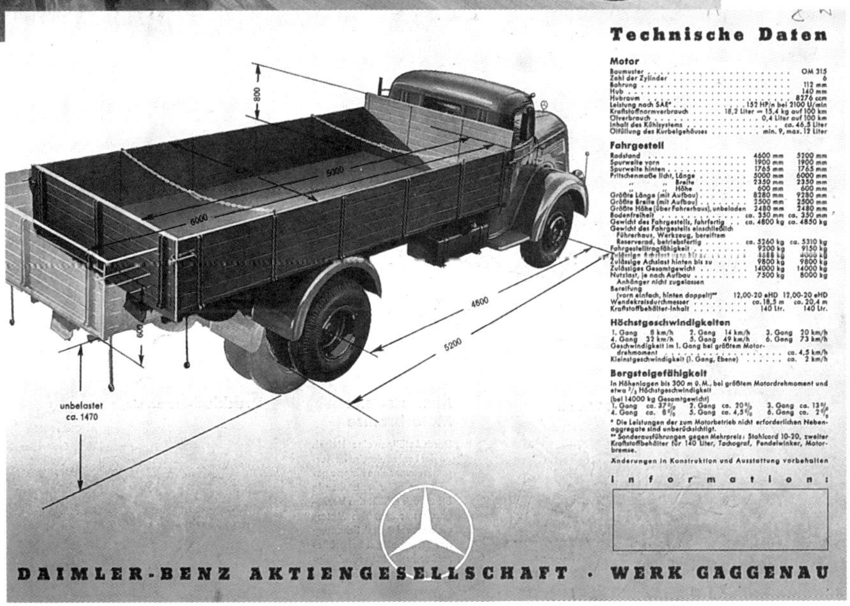

Technische Daten

Motor

Baumuster	OM 315
Zahl der Zylinder	6
Bohrung	112 mm
Hub	140 mm
Hubraum	8276 ccm
Leistung nach SAE*	152 HP/n bei 2100 U/min
Kraftstoffnormverbrauch	18,2 Liter = 15,4 kg auf 100 km
Ölverbrauch	0,4 Liter auf 100 km
Inhalt des Kühlsystems	ca. 46,5 Liter
Ölfüllung des Kurbelgehäuses	min. 9, max. 12 Liter

Fahrgestell

Radstand	4600 mm	5200 mm
Spurweite vorn	1900 mm	1900 mm
Spurweite hinten	1765 mm	1765 mm
Pritschenmaße licht, Länge	5000 mm	6000 mm
" " Breite	2350 mm	2350 mm
" " Höhe	600 mm	600 mm
Größte Länge (mit Aufbau)	8280 mm	9280 mm
Größte Breite (mit Aufbau)	2500 mm	2500 mm
Größte Höhe (über Fahrerhaus), unbeladen	2480 mm	2480 mm
Bodenfreiheit	ca. 350 mm	ca. 350 mm
Gewicht des Fahrgestells, fahrfertig	ca. 4800 kg	ca. 4850 kg
Gewicht des Fahrgestells einschließlich Führerhaus, Werkzeug, bereiftem Reserverad, betriebsfertig	ca. 5260 kg	ca. 5310 kg
Fahrgestelltragfähigkeit	9200 kg	9150 kg
Zulässige Achslast vorn bis zu	[illegible]	4000 kg
Zulässige Achslast hinten bis zu	9800 kg	9800 kg
Zulässiges Gesamtgewicht	14000 kg	14000 kg
Nutzlast, je nach Aufbau	7500 kg	8000 kg
Anhänger nicht zugelassen		
Bereifung (vorn einfach, hinten doppelt)**	12,00-20 eHD	12,00-20 eHD
Wendekreisdurchmesser	ca. 18,5 m	ca. 20,4 m
Kraftstoffbehälter-Inhalt	140 Ltr.	140 Ltr.

Höchstgeschwindigkeiten

1. Gang	8 km/h	2. Gang	14 km/h	3. Gang	20 km/h
4. Gang	32 km/h	5. Gang	49 km/h	6. Gang	73 km/h

Geschwindigkeit im 1. Gang bei größtem Motordrehmoment ca. 4,5 km/h
Kleinstgeschwindigkeit (1. Gang, Ebene) ca. 2 km/h

Bergsteigefähigkeit

In Höhenlagen bis 300 m ü. M., bei größtem Motordrehmoment und etwa 2/3 Höchstgeschwindigkeit
(bei 14000 kg Gesamtgewicht)

1. Gang	ca. 37%	2. Gang	ca. 20%	3. Gang	ca. 13%
4. Gang	ca. 8%	5. Gang	ca. 4,5%	6. Gang	ca. 2%

* Die Leistungen der zum Motorbetrieb nicht erforderlichen Nebenaggregate sind unberücksichtigt.
** Sonderausführungen gegen Mehrpreis: Stahlcord 10-20, zweiter Kraftstoffbehälter für 140 Liter, Tachograf, Pendelwinker, Motorbremse.

Änderungen in Konstruktion und Ausstattung vorbehalten

I n f o r m a t i o n :

DAIMLER-BENZ AKTIENGESELLSCHAFT · WERK GAGGENAU

Mit der Einführung des L 5500 und der Einstellung des L 5000 im Frühjahr 1953 verabschiedete sich Mercedes endgültig von den Vorkriegs-Konstruktionen. Bereits ein Jahr später erhielt der äußerlich bis auf wenige Details dem L 6600 entsprechende 6-Tonner einen anderen Motor (OM 325) sowie die Typenbezeichnung L 325.

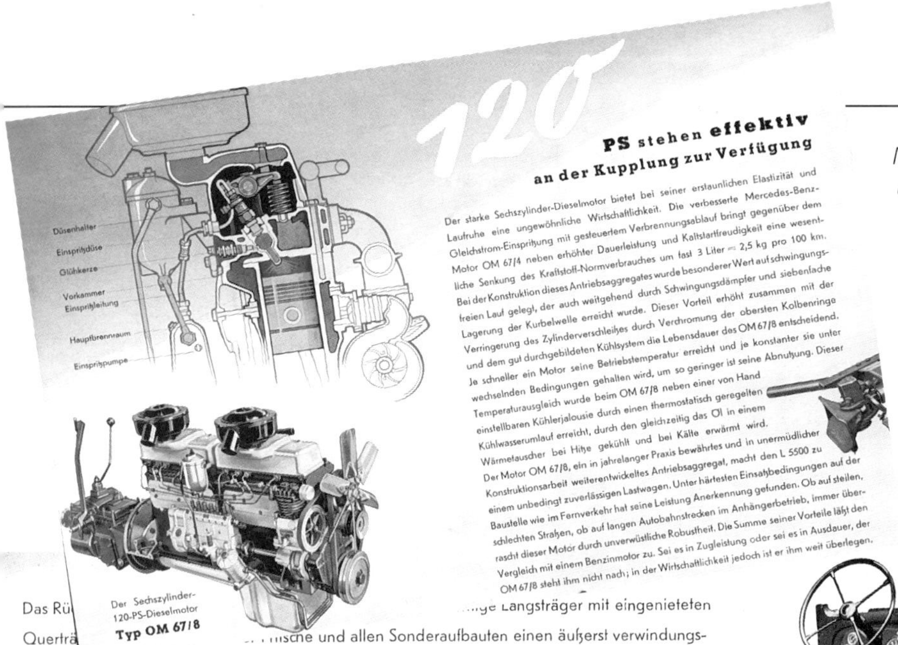

120 PS stehen effektiv an der Kupplung zur Verfügung

Der starke Sechszylinder-Dieselmotor bietet bei seiner erstaunlichen Elastizität und Laufruhe eine ungewöhnliche Wirtschaftlichkeit. Die verbesserte Mercedes-Benz-Gleichstrom-Einspritzung mit gesteuertem Verbrennungsablauf bringt gegenüber dem Motor OM 67/4 neben erhöhter Dauerleistung und Kaltstartfreudigkeit eine wesentliche Senkung des Kraftstoff-Normverbrauches um fast 3 Liter = 2,5 kg pro 100 km. Bei der Konstruktion dieses Antriebsaggregates wurde besonderer Wert auf schwingungsfreien Lauf gelegt, der auch weitgehend durch Schwingungsdämpfer und siebenfache Lagerung der Kurbelwelle erreicht wurde. Dieser Vorteil erhöht zusammen mit der Verringerung des Zylinderverschleißes durch Verchromung der obersten Kolbenringe und dem gut durchgebildeten Kühlsystem die Lebensdauer des OM 67/8 entscheidend. Je schneller ein Motor seine Betriebstemperatur erreicht und je konstanter sie unter wechselnden Bedingungen gehalten wird, um so geringer ist seine Abnutzung. Dieser Temperaturausgleich wurde beim OM 67/8 neben einer von Hand einstellbaren Kühlerjalousie durch einen thermostatisch geregelten Kühlwasserumlauf erreicht, durch den gleichzeitig das Öl in einem Wärmetauscher bei Hitze gekühlt und bei Kälte erwärmt wird. Der Motor OM 67/8, ein in jahrelanger Praxis bewährtes und in unermüdlicher Konstruktionsarbeit weiterentwickeltes Antriebsaggregat, macht den L 5500 zu einem unbedingt zuverlässigen Lastwagen. Unter härtesten Einsatzbedingungen auf der Baustelle wie im Fernverkehr hat seine Leistung Anerkennung gefunden. Ob auf steilen, schlechten Straßen, ob auf langen Autobahnstrecken im Anhängerbetrieb, immer überrascht dieser Motor durch unverwüstliche Robustheit. Die Summe seiner Vorteile läßt den Vergleich mit einem Benzinmotor zu. Sei es in Zugleistung oder sei es in Ausdauer, der OM 67/8 steht ihm nicht nach; in der Wirtschaftlichkeit jedoch ist er ihm weit überlegen.

Der Sechszylinder-120-PS-Dieselmotor **Typ OM 67/8**

Das Rü … ige Langsträger mit eingenieteten Querträ … ische und allen Sonderaufbauten einen äußerst verwindungssteifen Unterbau. Die im Gesenk geschmiedete Vorderachse ist als Faustachse mit Doppel-T-Profil ausgebildet. Die Hinterachse besteht aus einem Tragkörper aus hochwertigem Stahl, in dessen Mittelteil die spiralverzahnten Antriebskegelräder mit dem Ausgleichgetriebe eingebaut sind, während sich die wartungsfreien Stirnräder für den Radnabenantrieb in den seitlichen staubdichten Gehäusen befinden. Sorgfältig abgestimmte Blattfedern und eine progressiv wirkende Zusatzfederung der Hinterachse sorgen für weitgehende Schonung der Ladegüter.

Kombinierte Druckluft- und Öldruckbremsanlage

Beim Bremsen wird automatisch eine Zweikreis-Bremsanlage in Tätigkeit gesetzt, die als Öldruckbremse auf die Vorderräder und im

Schon 1956 erfolgte die Ergänzung und kurz danach die Ablösung der Typen L 5500/L 325 durch den neuen L 329, der vom 145-PS-Motor OM 315 angetrieben wurde. Auch in dieser Baureihe wurden die herkömmlichen Haubenwagen bald durch die modernen Frontlenker verdrängt. Bereits 1960 waren die Lastwagen mit der markanten Motorhaube aus dem Mercedes-Benz-Katalog gänzlich verschwunden – allein die L 311/312 blieben für kurze Zeit neben den aktuellen Kurzhaubern und Frontlenkern im Programm.

Opel Blitz

Die deutsche Filiale von General Motors wurde durch den Totalverlust des hochmodernen Lastwagenwerks Brandenburg (wo man die 3-Tonner herstellte) sowie durch die Demontage der Kadett-Fließbänder schwer getroffen. Mit den verbliebenen Personenwagen Olympia und Kapitän sowie dem 1946 wiederaufgelegten Blitz 1,5-Tonner erreichte Opel in wenigen Jahren wieder eine führende Marktposition.

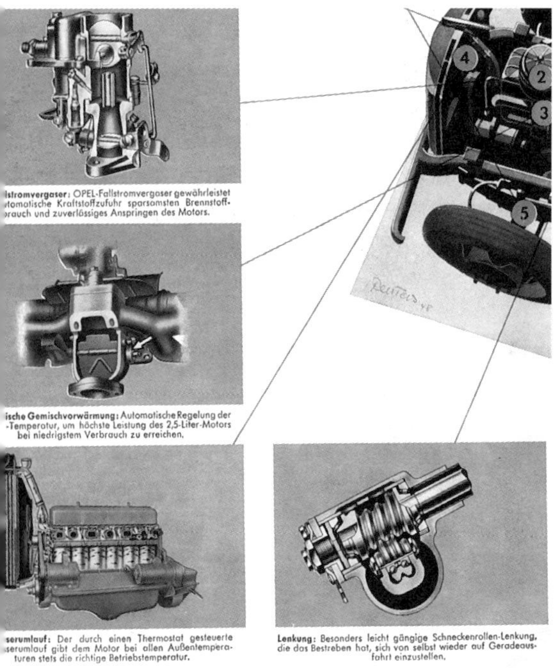

Den 1938 präsentierten Blitz trieb der geschmeidige 6-Zylinder-Motor des Kapitän an: ein Aggregat, dessen Leistungswerte und Komfortattribute kein Konkurrenzmodell erreichte.

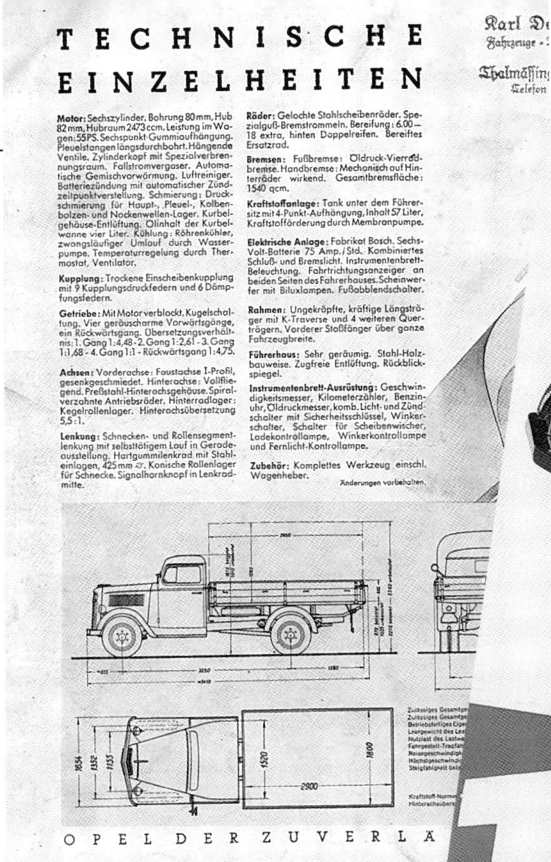

Karl D… Fahrzeuge … Thalmässin… Telefon …

TECHNISCHE EINZELHEITEN

Motor: Sechszylinder. Bohrung 80 mm, Hub 82 mm, Hubraum 2473 ccm. Leistung im Wagen: 55 PS. Sechspunkt-Gummiaufhängung. Pleuelstangen längsdurchbohrt. Hängende Ventile. Zylinderkopf mit Spezialverbrennungsraum. Fallstromvergaser. Automatische Gemischvorwärmung. Luftreiniger. Batteriezündung mit automatischer Zündzeitpunktverstellung. Schmierung: Druckschmierung für Haupt-, Pleuel-, Kolbenbolzen- und Nockenwellen-Lager. Kurbelgehäuse-Entlüftung. Ölinhalt der Kurbelwanne vier Liter. Kühlung: Röhrenkühler, zwangsläufiger Umlauf durch Wasserpumpe. Temperaturregelung durch Thermostat, Ventilator.

Kupplung: Trockene Einscheibenkupplung mit 9 Kupplungsdruckfedern und 6 Dämpfungsfedern.

Getriebe: Mit Motor verblockt. Kugelschaltung. Vier geräuscharme Vorwärtsgänge, ein Rückwärtsgang. Übersetzungsverhältnis: 1. Gang 1:4,48 - 2. Gang 1:2,61 - 3. Gang 1:1,68 - 4. Gang 1:1 - Rückwärtsgang 1:4,75.

Achsen: Vorderachse: Faustachse I-Profil, gesenkgeschmiedet. Hinterachse: Vollfliegend. Preßstahl-Hinterachsgehäuse. Spiralverzahnte Antriebsräder. Hinterradlager: Kegelrollenlager. Hinterachsübersetzung 5,5:1.

Lenkung: Schnecken- und Rollensegmentlenkung mit selbsttätigem Lauf in Geradeausstellung. Hartgummilenkrad mit Stahleinlagen, 425 mm ⌀. Konische Rollenlager für Schnecke. Signalhornknopf in Lenkradmitte.

Räder: Gelochte Stahlscheibenräder. Spezialguß-Bremstrommeln. Bereifung: 6.00–18 extra, hinten Doppelreifen. Bereiftes Ersatzrad.

Bremsen: Fußbremse: Öldruck-Vierradbremse. Handbremse: Mechanisch auf Hinterräder wirkend. Gesamtbremsfläche: 1540 qcm.

Kraftstoffanlage: Tank unter dem Führersitz mit 4-Punkt-Aufhängung, Inhalt 57 Liter, Kraftstoffförderung durch Membranpumpe.

Elektrische Anlage: Fabrikat Bosch. Sechs-Volt-Batterie 75 Amp./Std. Kombiniertes Schluß- und Bremslicht. Instrumentenbrett-Beleuchtung. Fahrtrichtungsanzeiger an beiden Seiten des Fahrerhauses. Scheinwerfer mit Biluxlampen. Fußabblendschalter.

Rahmen: Ungekröpfte, kräftige Längsträger mit K-Traverse und 4 weiteren Querträgern. Vorderer Stoßfänger über ganze Fahrzeugbreite.

Führerhaus: Sehr geräumig. Stahl-Holzbauweise. Zugfreie Entlüftung. Rückblickspiegel.

Instrumentenbrett-Ausrüstung: Geschwindigkeitsmesser, Kilometerzähler, Benzinuhr, Öldruckmesser, komb. Licht- und Zündschalter mit Sicherheitsschlüssel, Winkerschalter, Schalter für Scheibenwischer, Ladekontrollampe, Winkerkontrollampe und Fernlicht-Kontrollampe.

Zubehör: Komplettes Werkzeug einschl. Wagenheber.

Änderungen vorbehalten.

OPEL DER ZUVERLÄ…

Personenwagenmäßige Fahrleistungen, eine für die Epoche komplette Ausstattung und günstige Preise sorgten dafür, daß der Opel Blitz nicht nur im ausgehungerten deutschen Markt, sondern auch im Export beachtliche Verkaufszahlen erzielte.

Besonders in der Schweiz – wo der abgebildete Prospekt von 1951 herausgegeben wurde – zählte der Blitz für Jahrzehnte zum festen Bestandteil des Straßenbilds.

Radstand

3300 mm 3750 mm 3300 mm

A = 1855 mm

Drei-Mann-Fahrerhaus in Ganzstahl modern und komfortabel

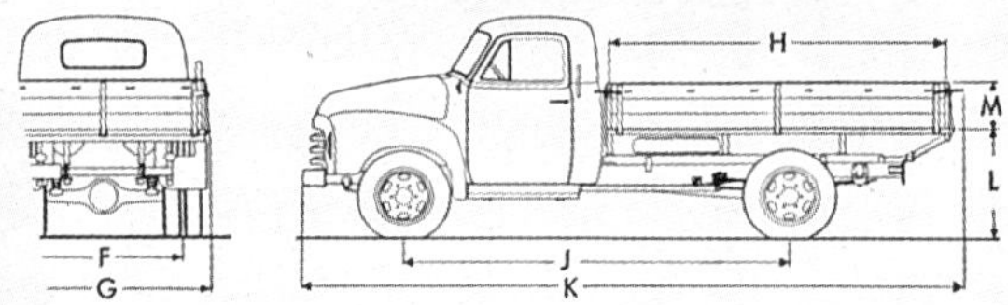

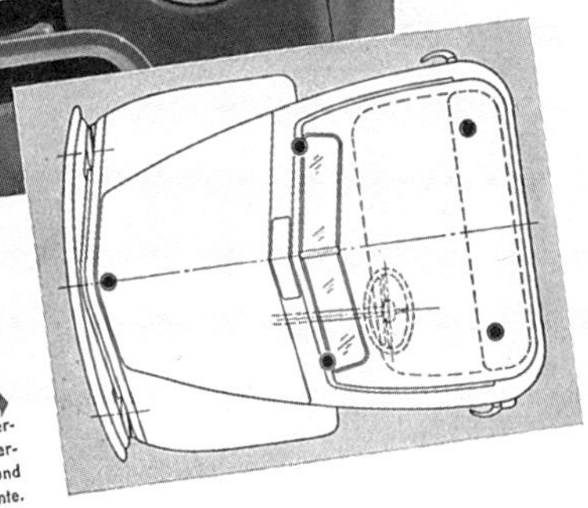

Das zweckdienlich gestaltete Drei-Mann-Ganzstahl-Fahrerhaus bildet mit Kotflügeln und Scheinwerfern, Motorhaube und Kühlerverkleidung eine Baueinheit, die in 5 Punkten elastisch gelagert und verwindungsfrei mit dem Rahmen verbunden ist. Tadellose Abdichtung und Belüftung. Bequeme, verstellbare Sitzbank. Große, blendfreie Instrumente.

Mit einem völlig neuen Führerhaus trat im Frühjahr 1952 der erneuerte Opel Blitz mit einer auf 1,75 Tonnen erhöhten Nutzlast an. Während die Dimensionen und der bewährte 6-Zylinder-Motor im Grundsatz unverändert blieben, entsprachen Optik und Komfort den modernsten Erkenntnissen von General Motors. Trotz der grundsätzlichen Verwandtschaft mit leichten Nutzfahrzeugen der Marke Chevrolet besaß der Blitz eine sehr eigenständige, saubere Linie, die jahrelang gefällig wirkte und für exzellente Verkaufszahlen sorgte.

Opel Blitz

Das markante Gesicht mit den drei Chromstäben und die Alligatorhaube in Kombination mit einer Vielfalt von Aufbauten prägten das Straßenbild der deutschen Städte. Opel spendierte dem Blitz im Zuge der Entwicklung eine Leistungssteigerung von 55 auf 58 und später 62 PS, womit er den Konkurrenten von Borgward, Ford oder Hanomag allzeit überlegen war.

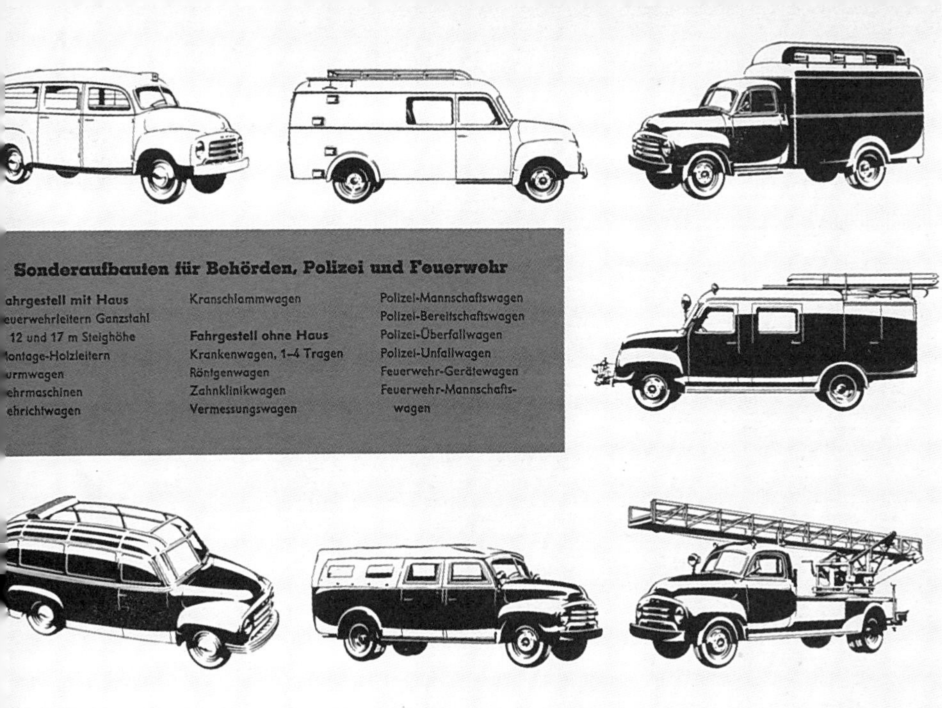

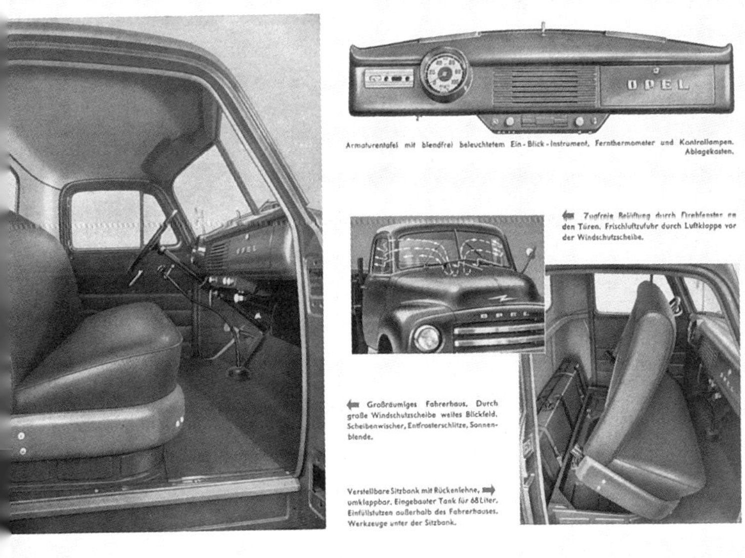

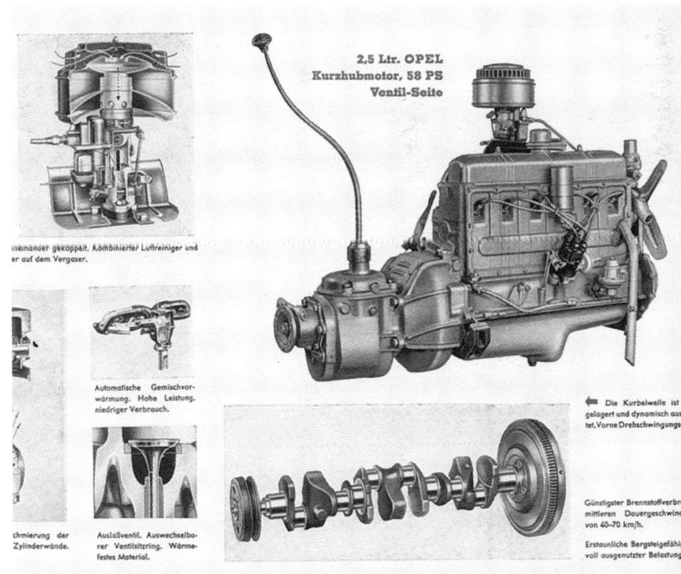

Schrader-Motor-Chronik

FAUN

Lastwagen, Omnibusse, Kommunal- und Spezialfahrzeuge 1918-1997

FAUN
ZUGMASCHINEN
FAUN
FAUN-WERKE
II N 5983

Schrader-Motor-Chronik

FAUN

Lastwagen, Omnibusse, Kommunal- und Spezialfahrzeuge 1918-1997

Eine Dokumentation von Wolfgang H. Gebhardt

Schrader Verlag
spezial

ISBN 3-613-87164-8

Ein Unternehmen der Paul Pietsch Verlage GmbH +Co.
1. Spezialausgabe 1999

Lektorat: Joachim Kuch, Halwart Schrader
Gesamtherstellung: Fotolito LONGO, Bozen
Printed in Italy

Inhalt

Vorwort

Fahrzeuge der Nutzfahrzeugmarke Faun stellten immer Besonderheiten dar. Sowohl durch Pionierkonstruktionen als auch durch ungewöhnlich stark motorisierte Modelle hat sich dieses Fabrikat den Ruf einer Spezialmarke erworben. Wolfgang H. Gebhardt, Verfasser des SMC-Bandes »Deutsche Ackerschlepper« und des im Motorbuch-Verlag erschienenen Buches »Deutsche Omnibusse«, präsentiert mit dieser Dokumentation einen Querschnitt der Geschichte markanter Lastwagen, Omnibusse, Zugmaschinen und Spezialfahrzeuge der Marke Faun, von denen eine Vielzahl bedeutende Meilensteine im deutschen Nutzfahrzeugbau darstellen.

Mit einer Auswahl inhaltlich und graphisch aussagestarker Prospekte, die in der frühen Nachkriegszeit von dem Graphiker Hans Gründl faszinierend gestaltet wurden und aus dem Archiv von Hans Pairan stammen, wollen wir in chronologischer Folge einige repräsentative Konstruktionen des vielfältigen Faun-Produktionsprogramms in Erinnerung rufen. Eine komplette Übersicht zu bieten, ist durch die Vielzahl der Typen unmöglich; es konnten deshalb jeweils nur Beispiele aus den wichtigsten Baureihen gezeigt werden.

Halwart Schrader

FAUN: »Bezeichnung für den römischen Wald- und Feldgott« erklärt der Brockhaus diesen Begriff. Dem Kenner der Nutzfahrzeuggeschichte reicht das nicht. Denn für ihn bedeutet die Abkürzung: Fahrzeugfabriken Ansbach und Nürnberg AG – und sie steht für eine enorme Vielfalt motorisierter Transportgeräte.
Fahrzeuge aller nur erdenklichen Arten verließen die Werke dieses Unternehmens im Verlauf von sechs Jahrzehnten. Gegen Ende des Ersten Weltkrieges waren es Dreitonnen-Subventionslastwagen dieser Marke, die bayerischen Fahrzeugkolonnen dienten; nach 1918 erhielten vornehmlich Kommunalfahrzeuge mit benzin-elektrischem Antrieb, aber auch Lastwagen, Kran- und Feuerwehrfahrzeuge sowie Zugmaschinen und Omnibusse das Faun-Wappen. Hinzu kamen zeitweilig Personenwagen, die durch ihre Teilnahme an verschiedenen Rennen für Aufmerksamkeit sorgten.
Aus dem 1916 geplanten und Anfang 1918 vollzogenen Zusammenschluß der 1906 gegründeten Fahrzeugfabrik Ansbach und der 1910 eingerichteten Nürnberger Feuerlöschgeräte- & Fahrzeugfabrik ging ein neues Unternehmen hervor, wobei die Nürnberger 1913 die schon seit 1845 bestehende Justus Chr. Braun Feuerlöschgerätefabrik übernommen hatten. Der Ansbacher Teil spaltete sich 1926 wieder ab und ging wenig später unter. Der von Wagenbaumeister Karl Schmidt unter dem Namen FAUN weitergeführte Nürnberger Teil konnte sich dann durch die Konzentration auf vielseitig einsetzbare Kommunalfahrzeuge trotz der Weimarer Krisenjahre auf dem damals sehr schwierigen Nutzfahrzeug markt halten, denen so bekannte Marken wie DAAG, Dürkopp, Komnick, Mannesmann-Mulag und NAG zum Opfer gefallen waren.
Dem Unternehmen Faun kam damals wie kurz nach dem Zweiten Weltkrieg zugute, daß die Städte dringend Müll- und Kehrfahrzeuge benötigten, und darauf war man bei Faun vorbereitet. »Staubfreie« Rolltrommel-Müllwagen und Kehrmaschinen versahen zuverlässig ihren Betrieb in vielen Städten des damaligen Reiches.
Der Kommunalfahrzeughersteller Faun war jedoch bestrebt, auch in anderen Fahrzeugbereichen Fuß zu fassen. Daher ging man in den dreißiger Jahren zum Bau von schweren und schwersten Lastwagen über; unter anderem entstand bei Faun der erste deutsche zivile Vierachs-Laster mit 200 PS für 14 bis15 Tonnen Nutzlast. Schwere Zugmaschinen prägten gleichermaßen das Herstellungsprogramm.
Motorisiert wurden die Fahrzeuge zunächst mit eigenen und mit Maybach-Vergasermotoren. Dann kamen überwiegend Deutz-Diesel- und Deutz-Gasgenerator-Antriebe zum Einbau. Als treibender Geist des in Privateigentum befindlichen Unternehmens trat ab 1938 der Sohn des Gründers, Diplom-Ingenieur Karl-Heinz Schmidt (1910 - 1979) in den Vordergrund.
Im Zweiten Weltkrieg war das Produktionsprofil durch das staatlich verordnete Typenprogramm auf schwere Zugmaschinen und – unabhängig davon – auf dreiachsige Kranfahrzeuge festgelegt worden, die in einigen Ausführungen auch auf Eisenbahngleisen fahren konnten.
Die kriegsbedingten Zerstörungen der Werksanlagen im Nürnberger Stadtbereich zwangen das Unternehmen, ein Ausweichgelände in der Heuchlinger Heide bei Neunkirchen am Sand (nahe Lauf an der Pegnitz) für den Neuaufbau nach dem Krieg zu nutzen. Wegen alliierter Restriktionen entstanden hier – zunächst aus Restbestandteilen – wieder verstärkt Kommunalfahrzeuge, aber auch Ackerwagen und sogar Ackerschlepper für die deutsche Kundschaft.
Nach der Währungsreform von 1948, dem Wegfall der auferlegten Beschränkungen und dem Ende der Zwangsbewirtschaftung nahm Karl-Heinz Schmidt als risikofreudiger, mit vielen Innovationsideen ausgestatteter Unternehmer nun jede Chance im Fahrzeug- und Baumaschinenbereich wahr, um den Faun-Werken als einem der wenigen noch verbliebenen Privatunternehmen der Branche mit außergewöhnlichen Konstruktionen seinen Ruf im In- und Ausland zu sichern. Wieder entstanden schwere und schwerste Lastwagen (unter dem Werbespruch »Güterzüge der Landstraße«), darunter die ersten deutschen Serien-Frontlenker für den Fernverkehr, ferner Vierachser, Omnibus-Fahrgestelle, Zugmaschinen, Sattelschlepper, Kranwagen und Muldenkipper. Auch Müll- und Kehrfahrzeuge verließen in beachtlichen Stückzahlen das Werk.

Faun

170 PS Faun Lastwagen mit drei Achsen, der Typ L 900 D von 1937.

130 PS Faun Lastwagen F 603 V 6x4 von 1953.

Links: 50 PS Faun Rolltrommelwagen mit angehobener Trommel von 1928.

Faun Tankwagen L 908 ATW mit 170-PS-Motor von 1957.

265 PS starke Faun Artillerie-Zugmaschine Z 912/21 »Sky-Sweeper« von 1961.

Rechts: Faun Zugmaschine F 60/12/40 ZA, 300 PS stark, von 1966.

Im Exportgeschäft konnte Faun gute Erfolge in Europa, im Vorderen Orient, in Nordafrika, in Belgisch-Kongo sowie in Südamerika erzielen. Darüber hinaus deckten die westlichen Besatzungsmächte bei Faun ihren Bedarf an Wirtschafts- und Spezialfahrzeugen. Das Segment der kleineren Lastwagen rundeten Mitte der fünfziger Jahre Schnellaster aus dem übernommenen Ostner-Werk in Sulzbach ab, so daß Faun in allen Klassen präsent war. Antriebsmäßig setzte man zunächst auf wassergekühlte Deutz- und Kämper-Motoren, später verstärkt auf luftgekühlte Deutz-Triebwerke, die sich schließlich durchsetzten.

Seit der Aufstellung der deutschen Bundeswehr lernten Wehrpflichtige und Berufssoldaten die Geländelastwagen und Spezialfahrzeuge der Marke Faun zu steuern und zu schätzen. Faun war es gelungen, zahlreiche Großaufträge der Bundeswehr nach Neunkirchen zu holen. Die meist kleinen Serien geländegängiger Allradfahrzeuge vermochten andere Nutzfahrzeugproduzenten nicht in ihre Fließbandproduktion einzugliedern – Faun hatte hier eine Chance erkannt und zugegriffen. Vom Fallschirmjäger-Fahrzeug »Kraka« über zwei- und dreiachsige Geräteträger, zwei- und dreiachsige Straßen- und Geländelastwagen bis zu verschiedenen schweren Zugmaschinen und Sattelschleppern reichte das Programm. Beachtlich war die ungewöhnlich große Fertigungstiefe, die von den schweren Achsen und Verteilergetrieben bis zu den Blechteilen reichte. Die späteren Baumuster eingerechnet, standen über 7000 Faun-Militärfahrzeuge in westdeutschen Kasernen.

Faun hatte hier bei den damals vollen Kassen des Verteidigungsministeriums gut verdient, so daß Karl-Heinz Schmidt dem Stammwerk im Laufe weniger Jahre weitere Produktionsstätten angliedern konnte, so 1961 die Nürnberger Zweirad-Union (Kleinkrafträder) und 1969 Teile des ehemaligen Büssing-Werkes (vormals Borgward) in Osterholz-Scharmbeck sowie den ehemaligen Pintsch-Bamag-Betrieb in Butzbach und das Frisch-Baumaschinen-Werk in Kissing. Übernommen wurde auch die Müll- und Kehrmaschinenfertigung der Firmen Streicher in Stuttgart und KUKA in Augsburg.

Von Nachteil war diese Glückssträhne jedoch insoweit, als Faun seine zivile Kundschaft durch die lukrativen, das Werk vollständig auslastenden Bundeswehraufträge und Prototypen-Entwicklungen notgedrungen vernachlässigte. Mit beachtlichen technischen Meisterleistungen versuchten die Faun-Ingenieure, hier Terrain gutzumachen. Schwere zwei- und dreiachsige, schließlich auch vierachsige Lastwagen füllten die von anderen Herstellern offengelassenen Lücken aus.

Die heute aktuelle Konzeption mit einer hochgesetzten, kippbaren Fahrerkabine über dem Motor, halbautomatischen Schaltungen (Symo-Schaltung) und Stahl/Kunststoffkabinen sowie -hauben (GFK-Technik) führte Faun im deutschen Nutzfahrzeugbau 1965 ein. Wirtschaftlich ausreichende Stückzahlen konnten jedoch nicht mehr erreicht werden, so daß man 1971 die Lastwagenproduktion

Werbung von 1953: Faun bezeichnete seine Lastwagen als die Güterzüge der Landstraße.

Allradgetriebene Haubenzugmaschine HZ 40.45/45 mit einem Tausendfüßler am Haken …

525 PS starke Faun Bundeswehr-Zugmaschine MFS 42.45/72 in 8x6-Ausführung von 1981.

Faun Zugmaschine mit 455-PS-Motor, Typ HZ 40.45/45 W 6x6 von 1985, gebaut für den Einsatz im Emirat Abu Dhabi.

aufgab. Nur für den Export baute Faun später die mit 58 Tonnen Gesamtgewicht schwersten und stärksten je gebauten deutschen Lastwagen; es waren Vier- und Fünfachser für die Pipeline-Verlegung.
Während der Bau von Kommunalfahrzeugen – von Kehrmaschinen und Müllwagen abgesehen – sich zunehmend auf die Aufbauten-Herstellung konzentrierte, erreichte der Sattel- und Zugmaschinenbau sowie die Kranträger- und später auch die komplette Kranfahrzeugfertigung eine neue Blüte. Das Unternehmen zählte 1975 rund 4200 Beschäftigte. Mit dem Bau von Kranfahrzeugen bis zu acht Achsen und mit einem niedrigen Fahrerhaus gelang es Faun, ein festes Segment auf diesem interessanten Spezialgebiet zu besetzen. Ein weiterer Bereich war der Bau von Hochleistungs-Feuerwehrfahrzeugen. Hier kam Faun dem Bedarf moderner Flughäfen an stark motorisierten, schnellen Feuerlöschfahrzeugen auf drei- und vierachsigen Fahrgestellen entgegen.
Das zweite wichtige Standbein des Unternehmens, der Baumaschinenbereich, trug ebenfalls erheblich zum Gesamtumsatz bei. Straßenhobel (Grader), Radlader, Geländestapler (Typ »Termit«) und Bagger (ehemalige Mengele-Typen) kamen aus dem Kissinger Werk. Weitere Erzeugnisse waren vielfältige Hüttenwerk-Fahrzeuge, Lafetten und Marine-Waffen aus Butzbach. Mit dem Tod von Karl-Heinz Schmidt im Jahre 1979 verlor das Unternehmen indessen einen Großteil seiner Dynamik. Nicht unerwähnt bleiben sollte, daß Karl-Heinz Schmidt durch sein unternehmerisches Geschick in der Diversifikation der Faun-Produkte ständig neue Arbeitsplätze eingerichtet und sich hervorragend um soziale Belange für seine Arbeitnehmer gekümmert hatte.
Großaufträge für Zugmaschinen zum Bau der russischen Baikal-Amur-Eisenbahnlinie und für Gasfernleitungen aus Sibirien, für Ölfelder in Libyen, Abu Dhabi oder Qatar und dem Irak sicherten in den siebziger und achtziger Jahren die Arbeitsplätze. Zwar konnten nochmals hunderte von schweren Sattelzugmaschinen der zweiten Fahrzeuggeneration für die Panzertruppe sowie zwei-, drei- und vierachsige Feuerlöschfahrzeuge für die Bundesluftwaffe geliefert werden; mit taktischen Lastwagen versorgten jetzt aber die anderen großen Hersteller die Bundeswehr.
Mit seinen Spezialfahrzeugen war Faun immer stärker vom Export abhängig geworden; dies rächte sich in den späten achtziger Jahren. Die staatlichen Großkunden im Ausland fielen nach 1989 schlagartig weg: Die Sowjetunion konnte aus wirtschaftlichen Gründen keine Anschlußaufträge mehr vergeben, und der Golfkrieg ließ Kunden im Mittleren Osten ausfallen. Zudem geriet die Zugmaschinenherstellung in Bedrängnis, als Daimler-Benz in Zusammenarbeit mit dem Titan-Werk und der NAW in der Schweiz und MAN mit der österreichischen Tochter ÖAF ihre drei- und vierachsigen Fahrzeuge unter Verwendung von Großserienteilen günstiger anbieten konnten.
Die Veränderung der Marktbedingungen führten Ende der achtziger Jahre durch den seit 1986 bestimmenden neuen Eigentümer, der Orenstein & Koppel AG (O&K) zur Aufspaltung des Unternehmens: O&K übernahm das Grader- und Baumaschinenwerk in Kissing sowie die Muldenkipperproduktion in Butzbach (die später nach Dortmund verlegt wurde). Den Kommunalfahrzeugbau in Bremen gliederte O&K aus; die einstige Eigentümerfamilie konnte diesen Bereich weiterführen. Kleinere Werke wurden verkauft. Der übriggebliebene Kranfahrzeugbau ging an den größten japanischen Kranhersteller, der Tadano Ltd. in Tokio. Auf dem verbliebenen Gelände werden seitdem schnellfahrende und geländegängige Kranfahrzeuge – auch wieder für die Bundeswehr – sowie Unterbauten für Fahrzeuge der japanischen Muttergesellschaft gebaut.
Faun ist und bleibt ein weltbekannter Begriff im Nutzfahrzeugbereich, und die wechselvolle Historie dieses einst so bedeutenden Unternehmens in Gestalt ihrer Werbemittel nachzuerleben, ist ein reizvoller Ausflug in sechs Jahrzehnte deutscher Indstriegeschichte.

Um die neue Marke FAUN nach dem Ersten Weltkrieg bekannt zu machen, bemühten die Graphiker in für heute undenkbarer Weise die Mythologie und stellten einen gehörnten Faun mit Schwänzchen und Pferdefüßen in den Vordergrund, der stolz einen spielzeughaften Lastwagen präsentiert. Bei Kaffee und Kuchen im Münchner Café Luitpold vertrieb man die Fahrzeuge!

Plakat von 1922 für den 2-Tonner Typ B.

Vom nicht gerade überzeugenden teuflischen Faun im Mittelpunkt wendete sich die Werbegestaltung nun dem Patriotismus zu: Der Subventionslaster steht vor dem Alpenpanorama.

1930 wies die Werbung auf die langjährige Erfahrung im Bau von über 3000 Feuerwehrfahrzeugen hin, einschließlich Modelle mit Radnabenantrieben der Vorgängerfirma Braun. Ein Prunkstück stellte der Hilfsgerätewagen mit 100-PS-Maybach-Motor dar, der bei der Frankfurter Straßenbahn bis 1978 (abgestellt) vorhanden war.

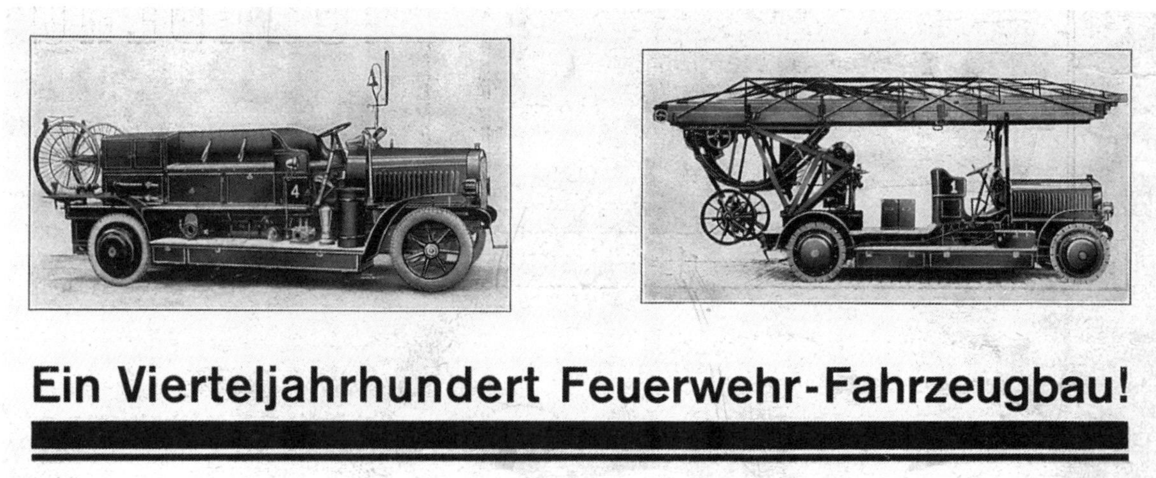

Ausschnitt aus dem umfangreichen Programm: Ein Prospekt von 1930. Der Schwerpunkt auf Kommunalfahrzeuge mit Radnabenantrieb rettete das Unternehmen über die Zeit der Weltwirtschaftskrise.

DIE GÜNSTIGE SITZPLATZANORDNUNG UND DIE VORNEHME INNENAUSSTATTUNG

DER FAUN-FAHRDRAHTBUS ALS DREIACHSFAHRZEUG

DER FAUN-FAHRDRAHTBUS ALS ZWEIACHSFAHRZEUG

DER KOMBINIERTE FAUN-TROLLEY-OMNIBUS

DER SELBSTSPURENDE FAUN-ANHÄNGER ZUM FAHRDRAHTBUS

DER FAUN-FAHRDRAHTBUS

Der FAUN-Fahrdrahtbus findet bei den Sachverständigen des In-
und Auslandes wegen seiner Sonderkonstruktion stärkste Beachtung.
Die FAUN-WERKE können für sich in Anspruch nehmen, als erste
Fabrik Europas eine Trolleybuskonstruktion geschaffen zu haben, die
sich von allen anderen Fabrikaten grundlegend durch die Art ihres
zahnradlosen Antriebes unterscheidet. Durch Verwendung der direkt
in die Räder eingebauten Original-FAUN-Radnabenmotoren wird beim
FAUN-Trolleybus nicht nur jede mechanische Kraftübertragung ver-
mieden, sondern es kommen dadurch auch die bei den übrigen
Trolleybuskonstruktionen vorhandenen Hauptstörungsquellen wie
Getriebe, Kardan, Differential und sämtliche Zahnräder in Wegfall.
Gleichbedeutend damit ist, daß beim FAUN-Fahrdrahtbus alle durch
mechanische Kraftübertragung bedingten Verluste ausscheiden.
Durch den Fortfall all dieser Störungsquellen wird naturgemäß die
Betriebssicherheit erhöht. Schon bei der Anlage der Konstruktion
wurde dem Gesichtspunkt der möglichst einfachen Pflege und War-
tung des Fahrzeuges bei weitgehender Ausnutzung aller Wirtschaft-
lichkeitswerte Rechnung getragen. So wurden u. a. die Radmotoren
derart angeordnet, daß sie nach Lösen einer Mutter ohne weiteres
von der Achse abgezogen werden können, eine Arbeit, die an Zeit
nur wenige Minuten beansprucht.
Die konstruktiv erstklassige und reichlich dimensionierte Durch-
bildung der FAUN-Radnabenmotoren gewährleistet die Herab-
setzung der Reparatur- und Unterhaltungsquote auf ein Minimum.
Es ist selbstverständlich, daß der FAUN-Radnabenmotor erst auf
Grund einer jahrzehntelangen Erfahrung auf die Höhe seiner heuti-
gen Leistungsfähigkeit gebracht werden konnte. Seit dieser Zeit
wurden aber Hunderte von Straßenfahrzeugen mit diesen elek-
trischen Aggregaten ausgerüstet, die sich in vieljähriger Praxis auf
das Beste bewährt haben. Bei Betrieben, in denen ca. 300 unserer
Straßenfahrzeuge mit FAUN-Radnabenmotoren zum Teil seit über
zehn Jahren in Gebrauch sind, ist einwandfrei festgestellt worden,
daß bei Fahrzeugen mit einer Durchschnittsgebrauchsdauer von
6 Jahren die jährliche Motorenreparaturquote nur ca. 1% beträgt.

FAUN DER FÜHRENDE FAHRDRAHT-BUS

Der Zeit weit voraus waren Studien zu kombinierten Omnibus-Antriebsarten: Die Zwei- und Dreiachser sollten als »Fahrdrahtbusse« mit Radnabenmotoren versehen werden. Eine Variante war dabei die heute wieder aktuelle Technik mit verbrennungsmotorisch-elektrischem Antrieb außerhalb der Stadt.

Das FAUN-Universal-Kommunal-Fahrzeug
als
Müllwagen
mit rückwärtiger Beladung.

Beladestellung.

Keinerlei Innenteile zur Müllförderung.

(Ausführliche Beschreibung des Systems siehe Müllwagen-Prospekt).

Rollstellung.

Rollzeit: 30 Sekunden.
Zur vollständigen Beladung (ca. 6 Rollungen) nur 3 Minuten lang verschwindend kleiner Bedarf an Motorkraft nötig.

Entleerungsstellung.

Kein Hinter**kipper**, sondern ein **Hochwinde-Entlader.**

Restlose Entladung ohne Rückstände und ohne Nacharbeiten bei 40° Neigung.
Beim Entladen mit zunehmendem Neigungswinkel abnehmender Hinterachsdruck.

Auf das Basisfahrzeug »Mammut« konnten mittels eines Gerüstes Rolltrommel-Müll-, Sprengwagen-, Fäkaliensammel-, Schlammsaug-, Speisesammel- und Pritschenaufbauten aufgesetzt werden. Zum Einbau kam ein 33-PS-Adler-Motor.

TECHNISCHE EINZELHEITEN L900 D567

Motor	Deutz-Diesel
Zylinderzahl	6
Bohrung	130 mm
Hub	170 mm
Zylinderinhalt	13538 ccm
Leistung	150 PS
Drehzahl	1600 U. p. M.
Drehmoment	77,5 mkg.
Ventilanordnung	hängend
Motoraufhängung	Dreipunkt
Kupplung	Mehrscheiben-Trockenkupplung
Getriebe	4 Vorwärtsgänge 1 Rückwärtsgang
Geschwindigkeit	im 4. Gang 50 km/h
Bremsen	Druckluft-Sechsradbremse mit Anhängerbremsanschluß
Bereifung	12,75-20, 6fach
Radstand	5475 + 1400 mm
Größte Länge des Fahrzeuges	9600 mm
Lichte Länge der Ladefläche	6500 mm
Karossable Länge	7500 mm
Höhe der Bordwände	600 mm
Höhe des Fahrzeuges bis Führerhausoberkante (beladen)	2500 mm
Höhe bis Ladeflächenoberkante (beladen)	1280 mm
Lichte Breite der Ladefläche	2320 mm
Größte Breite des Fahrzeuges	2500 mm
Spurweite vorn	2095 mm
Spurweite hinten	1975 mm
Wendekreisradius	9,6 m
Gewicht des Fahrgestelles	7600 kg
Tragfähigkeit des Fahrgestelles	11000 kg
Nutzlast	9,5 to
Inhalt des Brennstoffbehälters	200 l
Brennstoffverbrauch ohne Anhänger	50 l auf 100 km
Ölverbrauch	0,9 l auf 100 km

Maß- und Gewichtsangaben unverbindlich

FAUN-WERKE NÜRNBERG

Dem Mercedes-Benz L 10.000 setzte Faun den 9,5-Tonner L 900 D 567 entgegen. Die beiden an Blattfedern aufgehängten Hinterachsen wurden durch einen durchgehenden, obenliegenden Schneckenantrieb in Bewegung gesetzt. Größere Stückzahlen gingen an die Panzertruppen der Wehrmacht.

FAUN VIERACHS-GROSSRAUM LASTWAGEN

Die Tendenz des Güterfernverkehrs geht schon seit Jahren darauf hinaus, Schwerlastkraftwagen zu bevorzugen, da die anfallenden Kosten für Steuer, Fahrerlohn, Unterhaltung, Brennstoff, Amortisation usw. in einem wesentlich günstigeren Verhältnis zur Nutzlast stehen, als beim kleinen Fahrzeug • Diesen Gedankengang haben die Faun-Werke aufgegriffen und einen Großraum-Schwerlastwagen konstruiert, der den augenblicklichen Erfordernissen des Transportwesens gerecht wird • Das Fahrzeug ist als eine Weiterentwicklung des FAUN-Dreiachs-Lastkraftwagens anzusprechen, da die bewährte Konstruktion dieses Fahrgestelles dem neuen Lastkraftwagen zugrunde gelegt wurde • Der **FAUN-Vierachs-Großraum-Lastkraftwagen** besitzt 2 getriebene und 2 gesteuerte Achsen. Die neuen gesetzlichen Vorschriften bezüglich Achsdruck und Abmessungen sind berücksichtigt. Die außerordentlich große Ladefläche eignet sich besonders zum Transport sperriger Güter. Das Fahrzeug wird polizeilich für 14–15 to Nutzlast zugelassen, je nach Ausführung des Aufbaues. Das Fahrzeug eignet sich zur Mitnahme entsprechender Anhänger, sodaß eine gesamte, gesetzlich zulässige Nutzlast von mindestens 25 to mit einem Lastzug befördert werden kann.

Der **Antrieb** des Fahrzeuges erfolgt durch einen 8-Zylinder Deutz-Diesel-Motor mit einer Leistung von 200 PS • Dem **Viergang-Getriebe** kann gegen Mehrpreis ein Zusatzgetriebe vorgebaut werden, das sich bei jedem Gang hinzuschalten läßt, so daß 8 Gänge und 2 Rückwärtsgänge für den Fahrbetrieb zur Verfügung stehen • Die **Übertragung** der Antriebskraft auf die Schnecken-Hinterachse erfolgt mittels Gelenkwellen. Die Konstruktion der Hinterachse ist so gewählt, daß besondere Schub- und Zugstangen auf eine im Rahmen gelagerte Schubkugel führen, so daß die langen und breiten Federn lediglich zur Aufnahme der Federung herangezogen werden • Die **Schubkugel** ist mit breiten Trägern am Rahmen befestigt, der an dieser Stelle eine Haupt-Traverse besitzt • **Vorder- und Hinterfedern** sind breit und elastisch gehalten. Letztere pendeln um die Haupt-Schub-Traverse. Die Federenden gleiten auf den Hinterachsen. Die Vorderfedern sind mittels Federbolzen am Rahmen befestigt und schwingen nach rückwärts aus • Der aus Stahlblech gepreßte starke **Rahmen** ist den erforderlichen Belastungen entsprechend dimensioniert und mit schweren Traversen versteift. Die beiden gelenkten **Vorderachsen** sind nach der, den Faun-Werken patentierten Konstruktion, als Gabelachsen ausgebildet. Es ist daher die Gewähr gegeben, daß der Einschlag ein sehr günstiger ist. Die Vorderachsen selbst sind aus bestem Schmiedestahl hergestellt. Die **Lenkbewegung** wird von der Steuerung auf die Vorderräder mittels Stahlrohren übertragen, die in Kugelgelenken in entsprechenden Hebern angreifen • Das **Kühlsystem** faßt über 50 l Wasser, so daß ein Heißwerden des Wassers auch bei hoher Außentemperatur oder lang andauernder Vollast-Fahrt nicht möglich ist • Das Fahrzeug besitzt eine **Druckluftbremsanlage.** Die Fußbremse wirkt auf sämtliche 8 Räder. Die Bremsbacken sind stark dimensioniert und von hoher Widerstandsfähigkeit. Durch eine besondere Einrichtung kann der Bremsdruck auf die beiden Vorderachsen so weit reduziert werden, daß auch auf vereister Straße gefahrlos gebremst werden kann. Die Handbremse ist eine Getriebebremse besonderer Konstruktion, die es ermöglicht, das Fahrzeug sowohl in der Vorwärts- als auch in der Rückwärtsbewegung sicher abzubremsen und festzustellen. Druckluftbremsanschluß für Anhängerfahrzeug ist eingebaut.

TECHNISCHE EINZELHEITEN

	Deutz-Diesel
Motor	8
Zylinderzahl	130 mm
Bohrung	170 mm
Hub	18,050 ccm
Zylinderinhalt	200 PS
Leistung	1500 U. p. M.
Drehzahl	104 mkg.
Drehmoment	hängend
Ventilanordnung	Dreipunkt
Motoraufhängung	Mehrscheiben-Trockenkupplung
Kupplung	Zahnradschubgetriebe
Getriebe	im 4. Gang 51 km/h
Geschwindigkeit	mit Schnellgang 72 km/h
	Druckluft & Radbremse
Bremsen	13,50 – 20 – achtfach
Bereifung	1600 + 5425 + 1400 mm
Radstand	11 600 mm
Größte Länge des Fahrzeuges	8600 mm
Lichte Länge der Ladefläche	11130 mm
Karossable Länge	600 mm
Höhe der Bordwände	
Höhe des Fahrzeuges bis Führerhaus-	2900 mm
oberkante (beladen)	1350 mm
Höhe bis Ladeflächenoberkante (beladen)	2320 mm
Lichte Breite der Ladefläche	2500 mm
Größte Breite des Fahrzeuges	2095 mm
Spurweite vorn	1975 mm
Spurweite hinten	25 m
Wendekreis~~radius~~durchmesser	8500 kg
Gewicht des Fahrgestelles	17,500 kg
Tragfähigkeit des Fahrgestelles	14 – 15 to
Nutzlast	200 l
Inhalt des Brennstoffbehälters	50 l auf 100 km
Brennstoffverbrauch ohne Anhänger	1 l auf 100 km
Ölverbrauch	

Maß- und Gewichtsangaben unverbindlich.

FAUN-WERKE NÜRNBERG

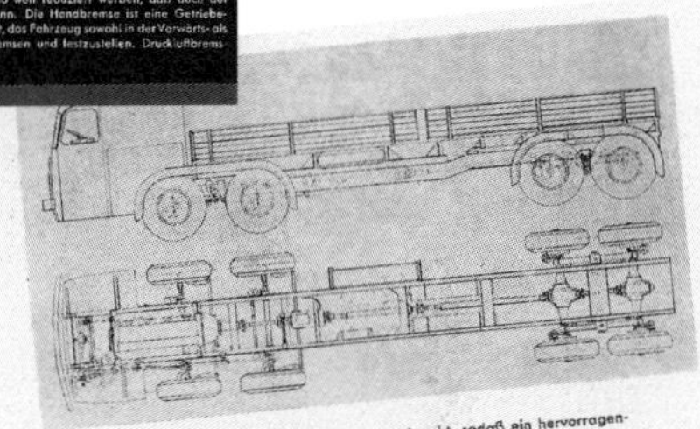

Das **Führerhaus** ist vor dem Motor angebracht, sodaß ein hervorragender Überblick über die Straße gewährleistet ist. Vom Führersitz kann die Straße bis auf 3 m übersehen werden. Räumlich ist das Führerhaus so groß gehalten, daß bequem 4 Personen Platz haben. Die Abdeckung des Führerhausbodens gegen den Luftstrom des Ventilators und den Fahrwind ist besonders sorgfältig durchgebildet. Sämtliche Fenster sind aus Sicherheitsglas. Die beiden Stirnwandfenster können ausgestellt werden. Die Türfenster sind herablaßbar. Hinter dem Führerhaus befindet sich eine geräumige Schlafkabine mit einer Tiefe von 750 bis 1000 mm. Im Führerhaus und in der Schlafkabine ist Deckenbeleuchtung vorgesehen.

Die **Brücke** ist für das Normalfahrzeug in einer Größe von 8.60 x 2.32 m vorgesehen. Sie ist speziell für die Aufnahme großer Lasten konstruiert. Die Bordwände sind in der Mitte senkrecht geteilt und normal 600 mm hoch. Sie sind vollkommen abklappbar. Brückenboden und Bordwände sind mit Profileisen eingefaßt und außen noch mit einer Regenleiste versehen, die das Eindringen von Wasser verhindert.

Die 8fache **Bereifung** ist außerordentlich stark gewählt und untereinander austauschbar. Schneeketten sind auf die Räder der Hinterachsen leicht aufzumontieren.

An dem Fahrzeug sind **2 Batterien** mit einer Kapazität von je 150 Amp/Std. eingesetzt. Die Anlasseranlage läuft mit 24 V. Die gesamte Lichtanlage ist auf 12 V geschaltet.

Das **Werkzeug** wird in ausreichendem Maße mitgeliefert und umfaßt die für das Fahrzeug notwendigen Spezialschlüssel.

Beim Zubehör kann gegen Mehrpreis Ihren Sonderwünschen entsprochen werden.

FAUN-WERKE NÜRNBERG

Aus der Diplomarbeit von Karl-Heinz Schmidt ging die Idee zum Bau eines ersten deutschen (zivilen) Vierachsers hervor. 1938 realisierten die Faun-Werke dieses Projekt in Weiterentwicklung des großen Dreiachsers. Eines der wenigen gebauten Exemplare existierte in Zwickau bis 1985.

Technische Daten einiger Faun-Generator-Fahrzeuge
bei Verwendung folgender Brennstoffe:
Anthrazit, Brechkoks, Stein- oder Braunkohlen, Schwelkoks, Holzkohle

Art	Lastwagen					Zugmaschinen		
Type	L 750 D 587	L 600 D 567	L 560 D 567	L 450 D 547	L 354 D 547	Z 587	Z 567	Z 547
Leistung PS	150	110	110	75	75	150	110	75
Hubvolumen ccm	17760	13500	13500	9000	9000	17760	13500	9000
Rahmentragfähigkeit kg	10000	8500	7500	6200	5500	—	—	—
Nutzlast to	8—9	6.5	5—6	4.5	3.5—4	—	—	—
Zugfähigkeit maximal kg	—	—	—	—	—	3250	2400	1950
Zugfähigkeit bei 30 km	—	—	—	—	—	540	400	270
Geschwindigkeit km/h	52	52	52	50	45	48	48	35
Bremsen	Druckluft	Druckluft	Druckluft	Druckluft	Druckluft	Druckluft	Druckluft	Druckluft
Ladefläche mm	5500×2320	4500×2320	4500×2320	4250×2200	4000×2200	—	—	—
Gesamtgewicht ca. kg	9500	6850	6600	6000	5400	6200	5500	4200
Radstand ca. mm	4825×1350	5000	5000	4750	4500	3500	3350	3000
Aktionsradius ca. km	300	300	300	250	250	250	250	200
Verbrauch an Anthrazit auf 100 km ca. kg	75	65	65	60	60	70	65	60
Brennstoffkosten bei Dieselbetrieb pro 100 km ca.	RM 9.—	8.10	8.10	6.85	6.85	8.50	8.10	6.85
Brennstoffkost. b. Anthrazitbetrieb pro 100 km ca.	RM 1.90	1.65	1.65	1.50	1.50	1.75	1.65	1.50

Neben den Vomag-Werken rüsteten die Nürnberger Autobauer auch Schwerlastwagen auf Holzgas-Generatorbetrieb um und beteiligten sich 1938 an einer spektakulären »Erprobungsfahrt für feste Brennstoffe«. Dieser Prospekt zeigt einen Laster in flotter Fahrt – ohne Türgriff – vor der Nürnberger Burg.

Der Verkehrsschlepper ist mit einer starken, unfallsicheren, schwenkbaren **Anhängerkupplung** ausgerüstet. – Auf Wunsch wird der Verkehrsschlepper mit einer starken **Seilwinde** geliefert.

Mit dem mit 150 PS motorisierten Verkehrsschlepper stellte Faun 1939 die damals stärkste und gebräuchlichste Zugmaschine für die Reichsbahn, für Speditionen und für die Wehrmacht her. Aufsetzbare Schienenräder machten das Fahrzeug universell einsetzbar.

Neben Zugmaschinen fertigte Faun während des Krieges den schweren Kranwagen LK 5. Das als Typ LK 5 S sogar schienentaugliche Modell besaß einen teleskopartig zusammensetzbaren Ausleger und ein verschiebbares, mit Schrott gefülltes Gegengewicht. Ein vom Fahrmotor angetriebener Generator lieferte die Energie für den Kranantrieb. Im Krieg betrug die Leistung 145 PS, danach 170 PS.

Als alliierte Verfügungen nach Kriegsende das Produktionsprogramm einschränkten, bildete der Ackerschlepperbau einen Lückenfüller. Über 50 AS 22 mit 28-PS-MWM-Diesel gingen an Landwirte. Der Nachbau der Schweizer Mommenday-Raupe mit luftgekühltem Deutz-Diesel mit 60 PS blieb allerdings im Prototypenstadium stecken. Das ansprechende Prospektbild stammt von Hans Gründl.

Am großen Erneuerungsbedarf an Müllwagen nach dem Krieg profitierte Faun mit verschiedenen Modellen bestens. Der beliebte 6,5-Tonner »Sepp« war mit einem luftgekühltem 85-PS-Vier- oder einem 120-PS-Sechszylinder (Deutz-Diesel) ausgestattet. Daneben gab es den M 6 und den M 8 mit 100-PS-Maybach-Vergasermotor und Rechtslenkung.

Als Weiterentwicklung der schweren Vorkriegstypen stand Faun 1949 mit dem L 7 und 1951 mit dem L 8 bereit.

Poids et dimensions

Poids du châssis	7000 kg
Puissance portative du châssis-cadre	13100 kg
Poids total admissible	20100 kg
Charge utile selon la carrosserie	10—12 t
Longueur du châssis	7495 mm
Largeur du châssis	2500 mm
Hauteur y compris la cabine du conducteur, en charge	2720 mm
Empattement	3840 + 1400 mm
Voie au sol AV	2002 mm
Voie au sol AR	1850 mm
Garde	330 mm
Distance entre le bord supérieur du châssis et le sol, en charge	1000 mm
Diamètre minimum du cercle de virage	16 m
Partie arrière dépassant l'essieu AR	780 mm

Vitesses et puissance sur rampe

Type	AK 6 – 55			Puissance sur rampe en % pour un poids total du train routier de		
	Rapport du couple		km.-h.	20 t	25 t	30 t
F 603 i = 8,25:1	1er vitesse	9,35	6,5	22,15	17,5	14,2
	2e vitesse	5,47	11	12,1	9,4	7,5
	3e vitesse	3,74	16	7,65	5,76	4,5
	4e vitesse	2,42	25	4,25	3	2,2
	5e vitesse	1,59	38	2,1	1,3	0,75
	6e vitesse	1	60	0,58	0,08	—
	Marche AR	7,98	7,5	18,6	14,6	11,8

Consommation normale de carburant: 190 g/CV/h

Consommation d'huile: environ 0,8 lit./100 km

Die technischen Daten des Faun F 603 aus einem französischsprachigen Prospekt von 1953.

Dieser Prospekt zeigt verschiedene Ausführungen des Faun L 8; mit zwei Zwei- oder einem Dreiachs-Anhänger wurden die mit 180 PS motorisierten Fahrzeug-Kombinationen als »Güterzüge der Landstraße« bezeichnet.

Als Erweiterung der »Sepp«-Baureihe erschien 1953 der Dreiachser F 603 in Hauben- und Frontlenkerausführung. An diesem mit 130 PS ausgestatteten Fahrzeug waren auch die westlichen Besatzungsmächte für ihre Versorgungseinheiten interessiert, daher die Prospektversion in französischer Sprache.

Kleinste Faun-Zugmaschine für 15 bis 20 Tonnen Anhängelast war in den fünfziger Jahren der maximal 49 km/h schnelle F 64/30 Z. Das nur 85 PS starke Fahrzeug war für den innerstädtischen Verkehr gedacht.

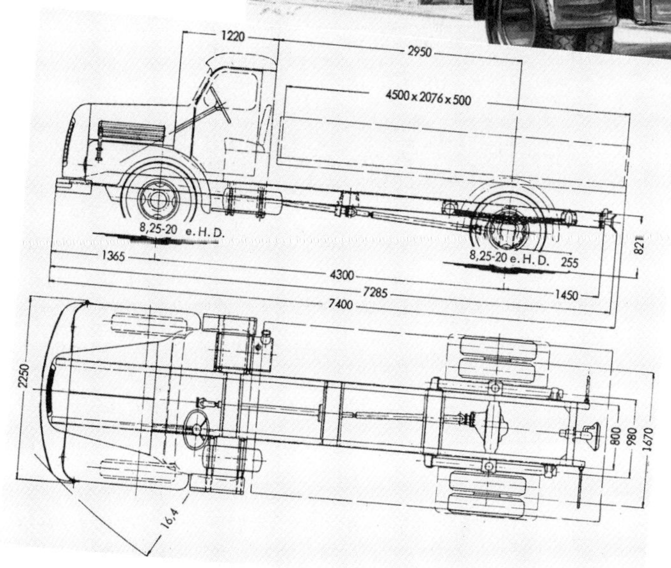

Mit modernisierter Haube erschien 1955 ein Fünftonner mit wassergekühltem 108-PS-Kämper-Diesel, genannt F 56/43. In der Faun-Nomenklatur stand F für Faun, die 5 für Fünftonner, die 6 für Sechszylinder und die 43 nach dem Strich für den Radstand von 4300 Millimetern.

Der bekannt unverwüstliche **FAUN**-*„Sepp"*

…erwindungssteife Fahrgestell, der luftgekühlte, unter allen Klimabedingun-
…triebssichere Dieselmotor, weiche, kräftige Federn, Vorderachse mit un-
…nlich großem Einschlag (45°), die robuste FAUN-Hinterachse sowie
Bremstrommeln und dadurch sicher arbeitende Bremsen verbürgen
…triebssicherheit und Zuverlässigkeit, entsprechend unserem Ruf:

FAUN - *ein Begriff für Güte und Leistung*

Gewichte und Abmessungen:

Fahrgestellgewicht mit Fahrerhaus	5 200 kg	Radstand	5 300 mm
Fahrgestelltragfähigkeit	9 000 kg	Spurweite vorn/hinten	2 056 mm/1 819 mm
Zulässiges Gesamtgewicht	13 800 kg	Bodenfreiheit	295 mm
Nutzlast	7 200 kg	Höhe Rahmenoberkante über Fahrbahn, belastet	945 mm
Fahrzeuglänge	9 320 mm	Überhang hinten	2 180 mm
Fahrzeugbreite	2 500 mm	Wendekreisdurchmesser	20 m
Fahrzeughöhe über Fahrerhaus	2 675 mm		

Geschwindigkeiten und Steigleistungen:

	Geschwindigkeit	Steigvermögen bei einem Lastzuggewicht von 14 to	28 to
1. Gang	6,0 km/h	40,3%	17,8%
2. Gang	10,2 km/h	21,7%	9,7%
3. Gang	15,0 km/h	13,9%	6,0%
4. Gang	23,2 km/h	8,5%	3,3%
5. Gang	35,2 km/h	4,9%	1,5%
6. Gang	56,0 km/h	1,9%	0,1%

Spez. Kraftstoffverbrauch: 180 g/PS/h bei 1200 U/min.

Ölverbrauch: 0,15 kg/h

Ende 1955 wurde beschlossen, als Nachfolger des Siebentonners »Sepp« den F 66/53 mit moderner Haube und neuer Fahrerhausgestaltung ins Rennen zu schicken, der dann 1956 auf den Markt kam. Der »Schwerlastwagen für den Fernverkehr« erreichte mit dem 125-PS-Diesel und Sechsganggetriebe jedoch nicht mehr als 56 km/h!

Mit der Bezeichnung »Franz« wurde 1955 der Typ F 68/53V personifiziert. Der Schwerlastwagen in Leichtbauart mit seinem luftgekühlten 170-PS-Diesel sollte den L 8 V ablösen. Durch die Auslastung mit den Bundeswehr-Aufträgen geriet die Produktion dieses Fahrzeuges jedoch in den Hintergrund.

Der Franz war ein attraktiver Frontlenker mit Panoramaschei-ben und verstellbaren Sitzen.

Aus der Ostner-Erbschaft übernahm Faun 1955 den Kleinlaster »Rex«, der das Programm nach unten ergänzte. Angetrieben wurde der Rex durch einen 55-PS-Vergasermotor von Ford oder von einem 40-PS-Diesel aus der IHC-Schlepper-Baureihe.

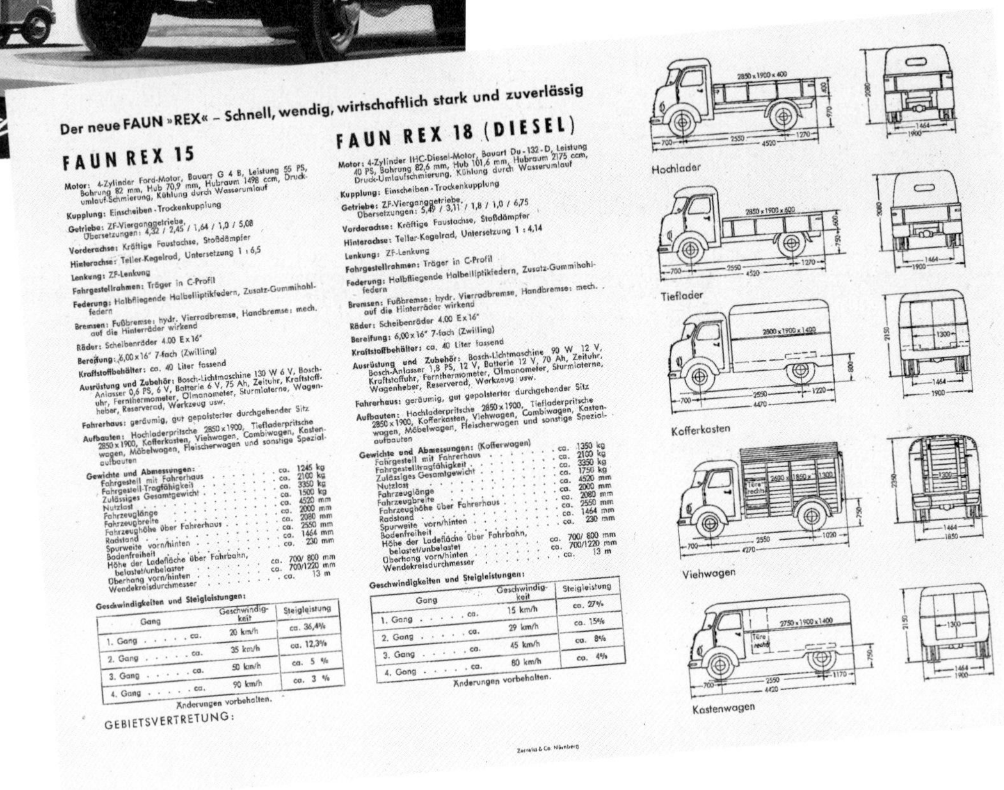

Der neue FAUN »REX« – Schnell, wendig, wirtschaftlich stark und zuverlässig

FAUN REX 15

Motor: 4-Zylinder Ford-Motor, Bauart G 4 B, Leistung 55 PS, Bohrung 82 mm, Hub 70,9 mm, Hubraum 1498 ccm, Druckumlauf-Schmierung, Kühlung durch Wasserumlauf

Kupplung: Einscheiben-Trockenkupplung

Getriebe: ZF-Vierganggetriebe, Übersetzungen: 4,32 / 2,45 / 1,64 / 1,0 / 5,08

Vorderachse: Kräftige Faustachse, Stoßdämpfer

Hinterachse: Teller-Kegelrad, Untersetzung 1 : 6,5

Lenkung: ZF-Lenkung

Fahrgestellrahmen: Träger in C-Profil

Federung: Halbfliegende Halbelliptikfedern, Zusatz-Gummihohlfedern

Bremsen: Fußbremse: hydr. Vierradbremse, Handbremse: mech. auf die Hinterräder wirkend

Räder: Scheibenräder 4.00 E x 16"

Bereifung: 6,00 x 16" 7-fach (Zwilling)

Kraftstoffbehälter: ca. 40 Liter fassend

Ausrüstung und Zubehör: Bosch-Lichtmaschine 130 W 6 V, Bosch-Anlasser 0,6 PS, 6 V, Batterie 6 V, 75 Ah, Zeituhr, Kraftstoffuhr, Fernthermometer, Ölmanometer, Sturmlaterne, Wagenheber, Reserverad, Werkzeug usw.

Fahrerhaus: geräumig, gut gepolsterter durchgehender Sitz

Aufbauten: Hochladerpritsche 2850 x 1900, Tiefladerpritsche 2850 x 1900, Kofferkasten, Viehwagen, Combiwagen, Kastenwagen, Möbelwagen, Fleischerwagen und sonstige Spezialaufbauten

Gewichte und Abmessungen:

Fahrgestell mit Fahrerhaus	ca. 1245 kg
Fahrgestell-Tragfähigkeit	ca. 2100 kg
Zulässiges Gesamtgewicht	ca. 3350 kg
Nutzlast	ca. 1500 kg
Fahrzeuglänge	ca. 4520 mm
Fahrzeugbreite	ca. 2000 mm
Fahrzeughöhe über Fahrerhaus	ca. 2080 mm
Radstand	ca. 2550 mm
Spurweite vorn/hinten	ca. 1464 mm
Bodenfreiheit	ca. 230 mm
Höhe der Ladefläche über Fahrbahn, belastet/unbelastet	ca. 700/ 800 mm
Überhang vorn/hinten	ca. 700/1220 mm
Wendekreisdurchmesser	ca. 13 m

Geschwindigkeiten und Steigleistungen:

Gang	Geschwindigkeit	Steigleistung
1. Gang . . . . . ca.	20 km/h	ca. 36,4%
2. Gang . . . . . ca.	35 km/h	ca. 12,3%
3. Gang . . . . . ca.	50 km/h	ca. 5 %
4. Gang . . . . . ca.	90 km/h	ca. 3 %

Änderungen vorbehalten.

GEBIETSVERTRETUNG:

FAUN REX 18 (DIESEL)

Motor: 4-Zylinder IHC-Diesel-Motor, Bauart Du-132-D, Leistung 40 PS, Bohrung 82,6 mm, Hub 101,6 mm, Hubraum 2175 ccm, Druck-Umlaufschmierung, Kühlung durch Wasserumlauf

Kupplung: Einscheiben-Trockenkupplung

Getriebe: ZF-Vierganggetriebe, Übersetzungen: 5,49 / 3,11 / 1,8 / 1,0 / 6,75

Vorderachse: Kräftige Faustachse, Stoßdämpfer

Hinterachse: Teller-Kegelrad, Untersetzung 1 : 4,14

Lenkung: ZF-Lenkung

Fahrgestellrahmen: Träger in C-Profil

Federung: Halbfliegende Halbelliptikfedern, Zusatz-Gummihohlfedern

Bremsen: Fußbremse: hydr. Vierradbremse, Handbremse: mech. auf die Hinterräder wirkend

Räder: Scheibenräder 4.00 E x 16"

Bereifung: 6,00 x 16" 7-fach (Zwilling)

Kraftstoffbehälter: ca. 40 Liter fassend

Ausrüstung und Zubehör: Bosch-Lichtmaschine 90 W 12 V, Bosch-Anlasser 1,8 PS, 12 V, Batterie 12 V, 70 Ah, Zeituhr, Kraftstoffuhr, Fernthermometer, Ölmanometer, Sturmlaterne, Wagenheber, Reserverad, Werkzeug usw.

Fahrerhaus: geräumig, gut gepolsterter durchgehender Sitz

Aufbauten: Hochladerpritsche 2850 x 1900, Tiefladerpritsche 2850 x 1900, Kofferkasten, Viehwagen, Combiwagen, Kastenwagen, Möbelwagen, Fleischerwagen und sonstige Spezialaufbauten

Gewichte und Abmessungen: (Kofferwagen)

Fahrgestell mit Fahrerhaus	ca. 1350 kg
Fahrgestelltragfähigkeit	ca. 2100 kg
Zulässiges Gesamtgewicht	ca. 3350 kg
Nutzlast	ca. 1750 kg
Fahrzeuglänge	ca. 4520 mm
Fahrzeugbreite	ca. 2000 mm
Fahrzeughöhe über Fahrerhaus	ca. 2080 mm
Radstand	ca. 2550 mm
Spurweite vorn/hinten	ca. 1464 mm
Bodenfreiheit	ca. 230 mm
Höhe der Ladefläche über Fahrbahn, belastet/unbelastet	ca. 700/ 800 mm
Überhang vorn/hinten	ca. 700/1220 mm
Wendekreisdurchmesser	ca. 13 m

Geschwindigkeiten und Steigleistungen:

Gang	Geschwindigkeit	Steigleistung
1. Gang . . . . . ca.	15 km/h	ca. 27%
2. Gang . . . . . ca.	29 km/h	ca. 15%
3. Gang . . . . . ca.	45 km/h	ca. 8%
4. Gang . . . . . ca.	80 km/h	ca. 4%

Änderungen vorbehalten.

Hochlader

Tieflader

Kofferkasten

Viehwagen

Kastenwagen

Als »überragend in Steigvermögen und Beschleunigung« bot Faun die schwere, allradgetriebene Zugmaschine L 8/38 ZA an. Mit einem wassergekühlten 200-PS-Deutz-Motor ließ sich die »hohe Marschgeschwindigkeit« von maximal 65 km/h erreichen.

Für die gleislose Beförderung im Bergwerk-Tagebau, auf Großbaustellen und in Steinbrüchen bot Faun seit 1953 Muldenkipper an. Hier der Frontlenker K 10 mit 125 PS für 10 Tonnen. Die Hinterachse erhielt ein Planetenradnabengetriebe, um das Drehmoment beim Anfahren sicher übertragen zu können.

Unter der Devise »steigfähig, wirtschaftlich, zuverlässig« stellte das Werk 1957 einen modern gezeichneten, mittelschweren Allradkipper für den Baustellenverkehr vor. Von Ideenreichtum zeugten die tiefgezogenen Seiten- und die hinteren Eckfenster. Auch mit einer Einmann-Fahrerkabine versah Faun das einzelbereifte125-PS-Fahrzeug, das der neuen StVZO entsprach.

Den neuen, von Verkehrsminister Seebohm erlassenen Vorschriften entsprechend erschien 1957 der F 78. Bei einem Gesamtgewicht von 12 Tonnen konnte dieses Modell 6,4 Tonnen Nutzlast befördern. Ein Kämper-Diesel mit 160 PS erfüllte die 6-PS-pro-Tonne-Formel für den 24-Tonnen-Zug.

Die allradgetriebene und geländefähige Faun Zugmaschine der zweiten Nachkriegs-Lkw-Generation hatte den Zwölfzylinder-Deutz-Diesel mit 250 PS unter der Haube. Durch das zusätzliche Ballastgewicht von 12 Tonnen konnte das 25 Tonnen schwere Fahrzeug eine Anhängelast von 100 Tonnen ziehen.

Der seit 1953 angebotene Hauben-Muldenkipper K 20 erhielt 1959 den 250-PS-Deutz-Diesel mit Luftkühlung, äußerlich erkennbar an den beiden Luftfiltern mit Zyklonen. Der Antrieb erfolgte auf die ungefederte Hinterachse mit Planetengetrieben in den Radnaben.

FAUN UK 10
Untertage-Muldenkipper
12 t 133 PS wassergekühlt

Während man im Bergwerk-Tagebau schon seit geraumer Zeit die gleislose Förderung von Schüttgut mit Muldenkippern erfolgreich durchführt, haben die FAUN-Werke auch einen Untertage-Muldenkipper entwickelt. Bedingt durch die ungewöhnlichen Verhältnisse in den Stollen, wurde die Höhe des Fahrzeuges sehr niedrig gehalten und die 4,5 bis 7,0 cbm fassende Zweiseiten-Kippmulde besonders tief angeordnet. Der Antrieb erfolgt durch einen wasser-gekühlten 4-Zylinder-Deutz-Dieselmotor, welcher den Bauvorschriften für Verbrennungs-motoren im Untertagebau entspricht. Der CO-Gehalt der Auspuffgase liegt bei 0,04 Vol. %. Um unnötiges oder auch unmögliches Wenden oder Rangieren zu vermeiden, wurde ein mit einem Drehmomentwandler ausgerüstetes 3-Gang-Wendegetriebe eingebaut, so daß es möglich

ist, in beiden Richtungen mit jeweils 3 Gängen zu fahren. Zu diesem Zweck wurden auch zwei völlig voneinander unabhängig arbeitende Lenkungen eingebaut, die es dem Fahrer gestatten, sich durch einfaches Drehen des Sitzes immer dem in der Fahrtrichtung liegenden Lenkrad zuzuwenden, wobei die Lenkung der jeweils rückwärts liegenden Achse automatisch blockiert wird.

Für spezielle Einsätze schuf Faun die unterschiedlichsten Muldenkipper, so auch einen vom Typ UK 10 für die Arbeit unter Tage. Spezialitäten des niedrig gebauten Fahrzeugs waren das Dreigang-Wendegetriebe und die Lenkbarkeit der Vorder- oder der Hinterachse, je nach Fahrtrichtung, wobei der Fahrer den Sitz zur entsprechenden Lenkeinrichtung drehen mußte.

Mit der Plazierung des 07V Omnibusses zwischen einem Hochhaus und dem damals eindrucksvollsten Flugzeug, der Lockheed Constellation, sowie den modisch gekleideten Reisenden traf Hans Gründl den Zeitgeschmack der frühen fünfziger Jahre.

Der 150-PS-Motor des Faun Omnibusses ließ sich nach vorne herausziehen, so daß er von allen Seiten zugänglich war. Die Bezeichnungen 07V und 09V bezogen sich auf die Radstandlängen.

Die elektromagnetische Getriebeschaltung erleichterte dem Fahrer des Faun OV7/OV9 die Arbeit sehr.

Technisch ausgereift, modern und elegant präsentierte sich der Faun Omnibus.

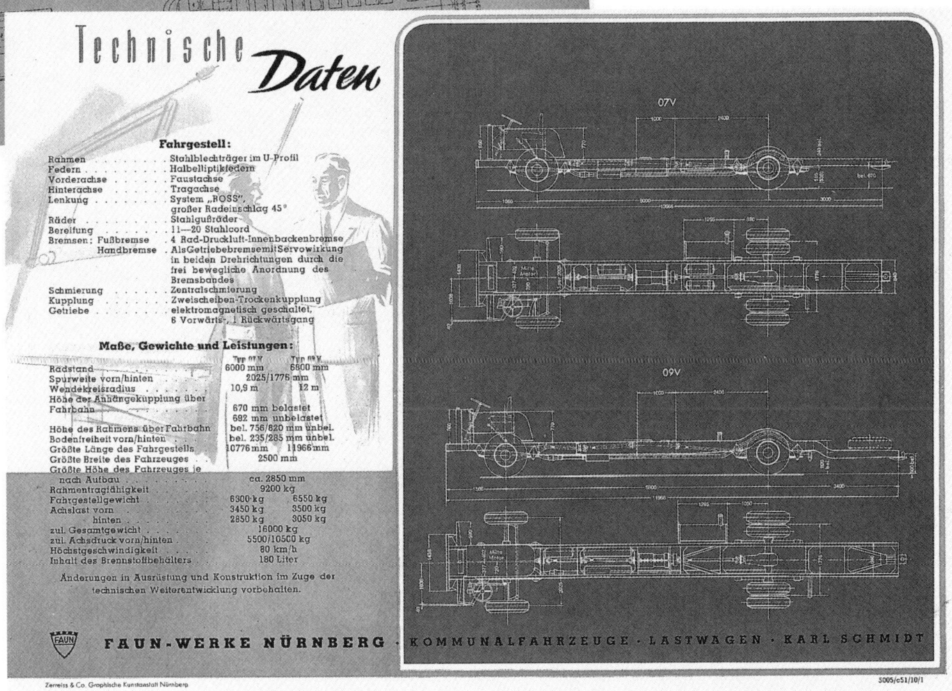

Mit einem vollhydraulischen Bergungs-Ausleger (Krupp-Ardelt) setzte der Frontlenker-Kranwagen LK 212 VA mit Allrad-Antrieb 1959 neue Maßstäbe. Bis zu 15 Tonnen konnten gehoben und um 360 Grad geschwenkt werden. Ein Deutz-V12-Motor trieb dieses Fahrzeug an.

Schweres Gerät: Abbildungen aus dem Muldenkipper-Prospekt, dessen Titel in Farbe auf Seite 39 zu sehen ist.

FAUN

Die leistungsfähige FAUN-Spezial-Hinterachse besteht aus einer Tragachse und dem Hinterachs-Antrieb.

Die Tragachse, aus hochwertigem, vergütetem Stahlguß, nimmt die gesamte Belastung auf. Die Antriebskraft wird durch eine Doppel-Untersetzung – Kegelrad- und Planetenantrieb – bei verhältnismäßig geringen

Beanspruchungen der Zwischenantriebsteile auf die Hinterräder übertragen. Ein günstiges Untersetzungsverhältnis ermöglicht eine große Steigfähigkeit, zusammen mit einer guten

FAUN K 20/41 Spezial-Hinterachse

20

FAUN

FAUN K 35/40 V
Muldenkipper
35 t 400 PS

Der FAUN K 35/40 V ist der schwerste Muldenkipper in Zweiachs-Bauart. Außergewöhnlich wie die Transport-Leistungen dieses Großraum-Fahrzeuges sind auch der hervorragende Fahrkomfort und die Fahreigenschaften. Das Fahren des FAUN K 35/40 V fordert nicht mehr Kraft als das Steuern eines PKW mit automatischer Schaltung. Der kurze Radstand von 4000 mm ergibt die besonders gute Wendigkeit. Der wassergekühlte 12-Zylinder-Deutz-Dieselmotor hat eine Leistung von 400 PS. Große Kraftreserven garantieren die hohe Transportleistung und Betriebssicherheit. Durch den erstaunlich niedrigen Kraftstoffverbrauch wird eine sehr beachtliche Kostensenkung erzielt. Der FAUN K 35/40 V als größter FAUN-Zweiachs-Muldenkipper ergab sich als Ergänzung zu den immer leistungsfähiger werdenden Baggern.

36

Faun Fahrzeuge 1960-1966

Schwere Muldenkipper auf einer Großbaustelle. Eine graphisch meisterhafte Darstellung des Künstlers Hans Gründl, aus der die gewaltigen Dimensionen solcher Fahrzeuge hervorgehen. Gründl gestaltete in jener Zeit die meisten Prospekte für Faun.

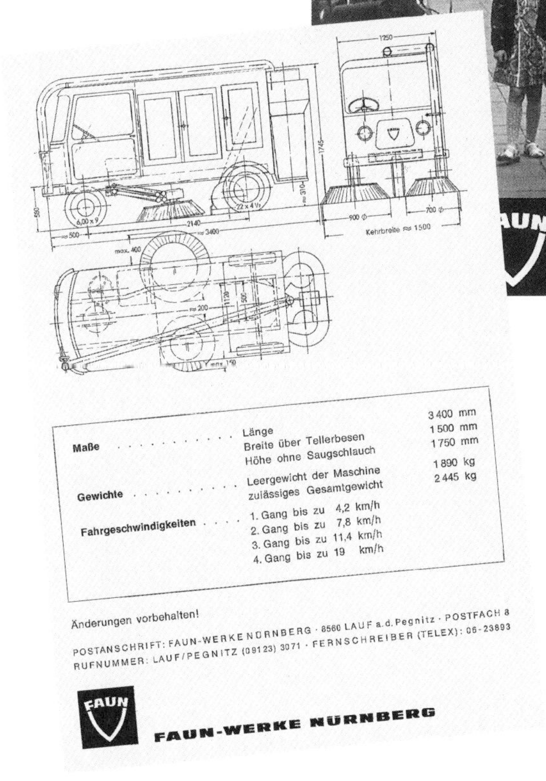

Maße	Länge	3 400 mm
	Breite über Tellerbesen	1 500 mm
	Höhe ohne Saugschlauch	1 750 mm
Gewichte	Leergewicht der Maschine	1 890 kg
	zulässiges Gesamtgewicht	2 445 kg
Fahrgeschwindigkeiten	1. Gang bis zu 4,2 km/h	
	2. Gang bis zu 7,8 km/h	
	3. Gang bis zu 11,4 km/h	
	4. Gang bis zu 19 km/h	

Änderungen vorbehalten!

POSTANSCHRIFT: FAUN-WERKE NÜRNBERG · 8560 LAUF a.d.Pegnitz · POSTFACH 8
RUFNUMMER: LAUF/PEGNITZ (09123) 3071 · FERNSCHREIBER (TELEX): 06-23893

FAUN-WERKE NÜRNBERG

Mit einem 10 PS starken Einzylinder-BMW-Motorradmotor rüstete Faun seine kleine Kehrmaschine aus; das Gebläse trieb ein auf 25 PS gedrosselter Ford-Motor an. Durch das einzelne Vorderrad war die Kippstabilität nicht immer gewährleistet: Spötter nannten die SV 8 II »den kleinsten Kipper der Welt«.

FAUN

PRESSMÜLLWAGEN SM 12 V

Der FAUN-Preßmüllwagen nimmt 36 cbm Müll auf. Der Müllbehälter ist aus Stahlblechen mit Gerippe aus Preßprofilen vernietet und verschweißt und mit dem Kipprahmen fest verbunden.

In der Decke des Großraumbehälters sind zwei Sicherheitsklappen für Überdruck, in den zwei Seitenwänden je eine Türe zur Aufnahme von Sperrgut.

Die Hydraulikanlage zum Beladen wird elektrisch gesteuert und vom Fahrersitz aus eingeschaltet. Nachdem der Ladevorgang durch einen Hebel in Betrieb gesetzt ist, bewegt sich die Presse nach vorne, die Absperrschieber gleiten nach oben und der Müll wird in den Behälter eingeschoben. Während des Ladevorganges wird der Kehricht immer dichter zusammengepreßt. Je nach Beschaffenheit des Mülls wird dabei bis zu 36 cbm loser Müll aufgenommen. Bei Verwendung einer Systemschüttung sind Zöller-Kipper bzw. Zöller-Hubkipper vorgesehen.

Der Preßmüllwagen SM 12 V (Stopf-Müllwagen, 12 m³, vorgezogenes Fahrerhaus) stand ab 1961 zur Verfügung. Die Großraum-Kabine mit Panoramascheibe und Schiebetüren bot sechs Personen Platz. Der Motor war ein 126-PS-Deutz-Diesel.

Faun setzte 1961 einen aufgeladenen Deutz-Diesel mit 150 PS in das Spezialfahrgestell L 612/375 V für Betonmischer- und Kipperaufbauten ein. Auch mit einem 150-PS-Kämper-Motor konnte das Fahrzeug geliefert werden.

Fahrgestell für Spezialaufbauten
L 612/375 V

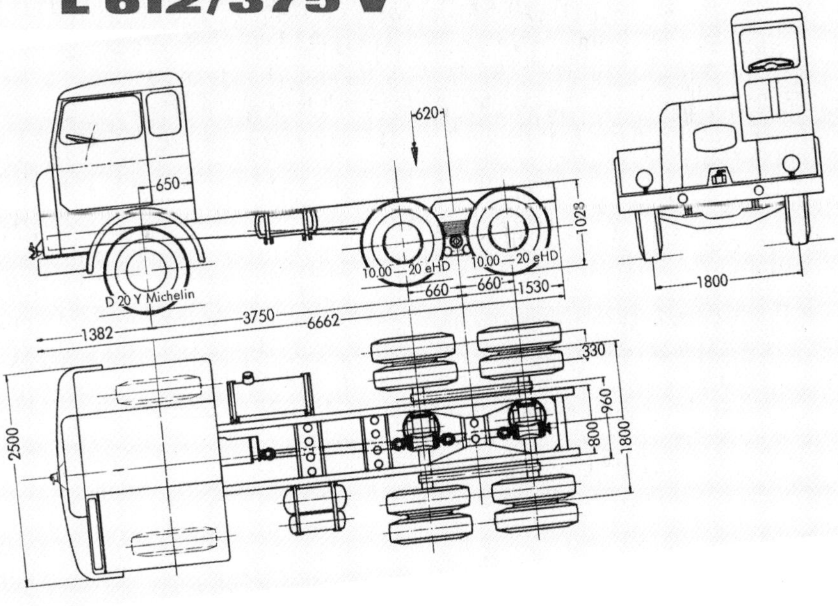

L 908 SAT Sattelschlepper mit Allrad-Antrieb und Tankaufleger mit 25000 Ltr.

Aufsattel=Last: 10—15 to Nutzlast
8 Zylinder luftgekühlter 178 PS Dieselmotor

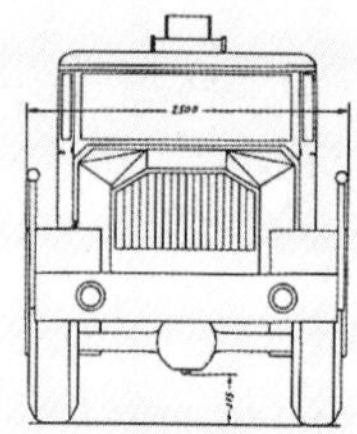

Transit-Verlademaß

Die seit 1957 laufende Bundeswehr-Serie erhielt 1961 Vielstoffmotoren für Vergaser- und Dieselbetrieb. Der geländegängige Tankauflieger-Sattelschlepper mit der imposanten Haube war mit einem 178 PS starken Achtzylinder versehen. Die Lautstärke war unüberhörbar!

FAUN
L 908/54

Materialtransporter

FAUN
L 908/54

Materialtransporter
mit 1 t Beladekran

In 1811 Exemplaren stellte 1961 der »Materialtransporter« L 908/54 (teilweise mit 1-Tonnen-Teha-Ladekran) einen großen Anteil der Faun-Lastwagen im Bundeswehr-Beschaffungsprogramm dar. Der 178-PS-Diesel hinter dem stoffbedeckten Fahrerhaus des 6x6-Zehntonners war indes zu schwach ausgelegt.

Für den Transport der damaligen M 47- und M 48-Panzer auf Sattelaufliegern war die schwere Zugmaschine L 912 VSA mit 300 PS vorgesehen. Der Hauben-Sattelschlepper L 912 SA mit 265 PS trug einen Auflieger für 25 Tonnen. 35 beziehungsweise 108 Exemplare gingen Anfang der sechziger Jahre an den Bund.

Für den Pioniereinsatz wurden bei Faun 338 schwere 265-PS-Gleitkipper gebaut. Die Stahlpritsche konnte herabgeschoben werden, um eine 90-PS-Deutz-Planierraupe aufnehmen zu können.

912/5050 AK Gleitkipper für Raupentransport 10 to geländegängig

Der FAUN-L 912/5050 AK-GLEITKIPPER ist mit einem 12 Zylinder luftgekühlten, 265 PS starken Dieselmotor ausgerüstet.

FAUN
LK 1212/485 II (hydraulisch) 10 t geländegängig

Dreiachs-Kranwagen

Der Kranaufbau ist vollhydraulisch beweglich und um 360° drehbar.

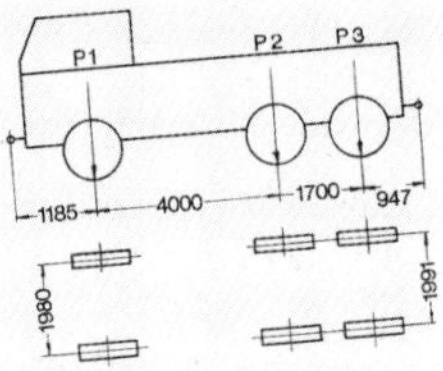

Motor	Deutz luftgekühlt, F 12 L 714 A Vielstoff, 265 PS, 2300 U/min
Getriebe	ZF-Schaltgetriebe AK 6-75
Verteilergetriebe	ZF VG 800 mit Straßen- und Geländegang sowie Differentialsperre
Kupplung	F+S LA 2/380 HA 6
Achsen	3 angetriebene
Reifen	7fach 16.00–25 M 24 Ply
Radstand	4000 mm und 1700 mm
Seilwinde	10,0 t Vorbauseilwinde
Zul. Gesamtgewicht	33,0 t
Leergewicht	18,15 t

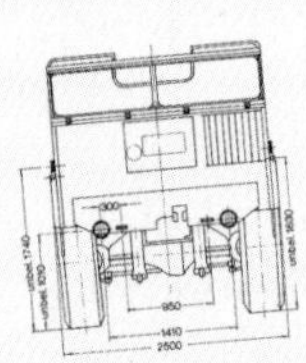

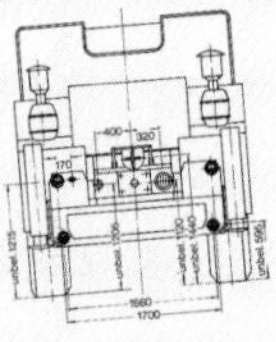

max. Achslasten			Reifengrößen		
bei P 1	bei P 2	bei P 3	bei P 1	bei P 2	bei P 3
11,0 t	11,0 t	11,0 t	16.00 x 25	16.00 x 25	16.00 x 25
ca. 8,4 t	ca. 3,8 t	ca. 3,8 t	alle EM-M 24 Ply		
min. Achslasten (Leergewicht)					

1. Zul. Gesamtgewicht 33,0 t
2. Leergewicht ca. 18,15 t

20

FAUN
LK 1212/485 II

FAUN LK 1212/485 II
beim Bergungseinsatz

Faun LK 1212/485 II Kranwagen für den Bergeinsatz mit seinen technischen Daten.

FAUN L 912/21 MUN

10 t geländegängig

Munitionsträger mit 10 t Einbauseilwinde

Mit den zwei gelenkten, angetriebenen Vorderachsen und den übergroßen Rädern überwindet der FAUN L 912/21 MUN sicher und mühelos schwieriges, unwegsames Gelände.

Motor	Deutz luftgekühlt, F 12 L 714 A Vielstoff, 265 PS, 2300 U/min
Getriebe	ZF-Schaltgetriebe AK 6-75-3
Verteilergetriebe	ZF VG 800-4 mit Straßen- und Geländegang sowie Differentialsperre
Kupplung	F+S LA 2/380
Achsen	3 angetrieben, davon 2 gelenkte Vorderachsen, Typ D 12
Reifen	7fach 16.00–25 eHD verst. M-Profil 20 Ply
Radstand	1780 mm und 3110 mm
Be- und Entladekran	1,0 t bei 4 Meter Ausladung
Seilwinde	10,0 t Einbauseilwinde
Zul. Gesamtgewicht	27,2 t
Leergewicht	ca. 17,0 t

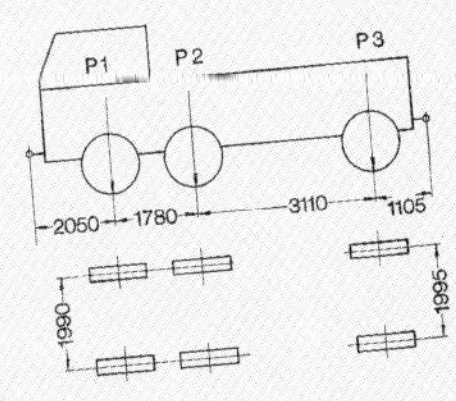

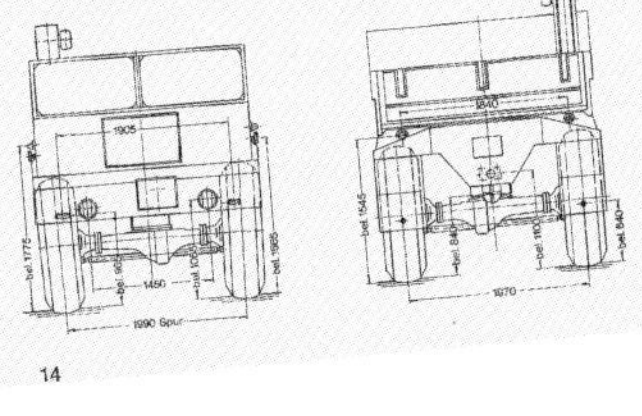

max. Achslasten			Reifengrößen		
bei P 1	bei P 2	bei P 3	bei P 1	bei P 2	bei P 3
8,2 t	8,2 t	10,8 t	16.00 x 25	16.00 x 25	16.00 x 25
6,58 t	6,58 t	4,04 t	alle eHD M-verst. 20 Ply		
min. Achslasten (Leergewicht)					

1. Zul. Gesamtgewicht 27,2 t
2. Leergewicht ca. 17,0 t

14

Als Munitionstransporter waren die rund 700 Dreiachser L 912/21 MUN von 1961 konzipiert. Die beiden gelenkten Vorderachsen ermöglichten ein sicheres Manövrieren in ausgefahrenen Wegen. Die Nutzlast konnte auf die 12-Tonnen-Achsen günstig verteilt werden.

Mit der Baureihe F 687 führte Faun 1962 die dritte Lkw-Fahrzeuggeneration ein. Die »7« deutete auf die Deutz-Motoren der Serie 714 hin. Die Baureihen entsprachen mit ihren Maßen und Gewichten sowie mit der Motorisierung (hier in Mittelflurbauweise) den neuen StVZO-Vorschriften.

Mit harmonisch abgerundetem Vorderbau erschienen 1962 die Faun-Hauben-Laster der dritten Generation. Mit seinem 195-PS-Diesel war der 8,5-Tonner ausreichend motorisiert.

La Société
FAUN - MÉDITERRANÉE
présente
ses prototypes
de
CAMION TACTIQUE
3 Tonnes 4 x 4
"CAÏMAN"

CARACTÉRISTIQUES TECHNIQUES

MOTEUR

DEUTZ 6 cylindres F 6 L 614 A diesel à refroidissement à air -
125 CV à 2.200 t/m — couple maximum 45 m/Kg à 1.200 tours.
Sera prochainement remplacé par un moteur polycarburant.

BOITE DE VITESSES

Boîte SK 35 synchronisée, 5 vitesses avant, 1 marche arrière.
Rapports : marche avant : 5,64 - 3,08 - 1,74 - 1 - 0,7
marche arrière : 5,06

BOITE TRANSFERT

ZF-VG 275 avec blocage du différentiel et commande annexe du treuil.
Rapports : marche sur route : 1,44 marche tous terrains : 2,2

Einen Sprung in den französischen Militär-Fahrzeugmarkt wagte Faun 1962 mit dem Partner Société des Forges et Chantiers de la Méditerranée unter dem Namen FAME. Der 125 PS starke Dreitonner »Caiman« sollte dem französischen Heer moderne Frontlenker-Mobilität geben. Die französische Nutzfahrzeugindustrie wußte das Projekt zu verhindern …

FAUN-Kranwagen LK 212/48 V 8x6

Bei schwierigen und schlecht zugängigen Bergungsarbeiten hat es sich immer wieder als nachteilig erwiesen, daß schwere Kranarbeiten nicht in jeder Stellung durchgeführt werden konnten. Mit dem Einbau einer vierten Achse wurde bei diesem FAUN-Kranwagen erreicht, daß Lasten bis zu 15 t auch über Kopf gehoben und versetzt und Lasten bis zu 7 t in dieser Stellung sogar transportiert werden können.

Ihre große Kranfahrzeugserie haben die FAUN-WERKE mit einem vierachsigen Bergungskranwagen bereichert, der mit der hohen Straßengeschwindigkeit von 70 km/h fahren und mit drei angetriebenen Achsen auch vorteilhaft in unebenem Gelände eingesetzt werden kann. Mit seinen zwei lenkbaren Vorderachsen stellt das Fahrzeug eine Konstruktion dar, die von FAUN schon seit 1938 erfolgreich angewandt wird.

Die Kranbewegungen erfolgen vollhydraulisch, wobei die Ölpumpe über eine Schaltkupplung von seinem 250 PS starken Fahrzeug-Dieselmotor angetrieben wird. Je ein Axial-Kolbenmotor arbeitet über ein Schneckengetriebe auf Hubtrommel und Drehwerk.

Als Weiterentwicklung der bisherigen, dreiachsigen Ausführung ist es mit diesem Fahrzeug möglich, hohe Lasten über den um 360° schwenkbaren und in seiner Höhe verstellbaren Ausleger aufzunehmen und durch den Einbau der vierten Achse bis zu 7 t auch über Kopf zu transportieren. Bei abgestütztem Fahrzeug vermag der Ausleger bis zu 15 t in jeder beliebigen Stellung anzuheben und zu versetzen, wobei der Hebevorgang in jeder gewünschten Stellung durch eine mit Öldruck betätigte automatische Backenbremse gestoppt werden kann. Eine hydraulisch arbeitende Kippsicherung schützt vor Überbelastung. Alle Kranbewegungen können vom Kranführersitz aus oder auch durch Fernsteuerung betätigt werden. Eine 10-t-Winde ist am Fahrzeugende eingebaut.

MASSE UND GEWICHTE
IM NORMALEN FAHRBETRIEB:

Zulässiger Vorderachsdruck	2 x 7500 kg
Zulässiger Hinterachsdruck	2 x 12000 kg

BIS 8 km/h

Zulässiger Vorderachsdruck	2 x 12000 kg
Zulässiger Hinterachsdruck	2 x 20000 kg

IM STILLSTAND:

Zulässiger Vorderachsdruck	2 x 15000 kg
Zulässiger Hinterachsdruck	2 x 25000 kg
Größte Fahrgestellänge	8730 mm
Größte Fahrzeugbreite	2500 mm
Radstand	4800 mm
Spurweite vorn	1990 mm
Spurweite hinten	1793 mm

Nachdem 1958 wieder ein vierachsiges Fahrgestell erschienen war, rüstete Faun dieses mit einem Großraum-Frontlenker-Fahrerhaus und einem 8x6-Antrieb zu einem schweren und geländefähigen Bergungskran auf. Schwere Lasten konnten durch die vordere Doppelachse auch im Frontbereich bewegt werden.

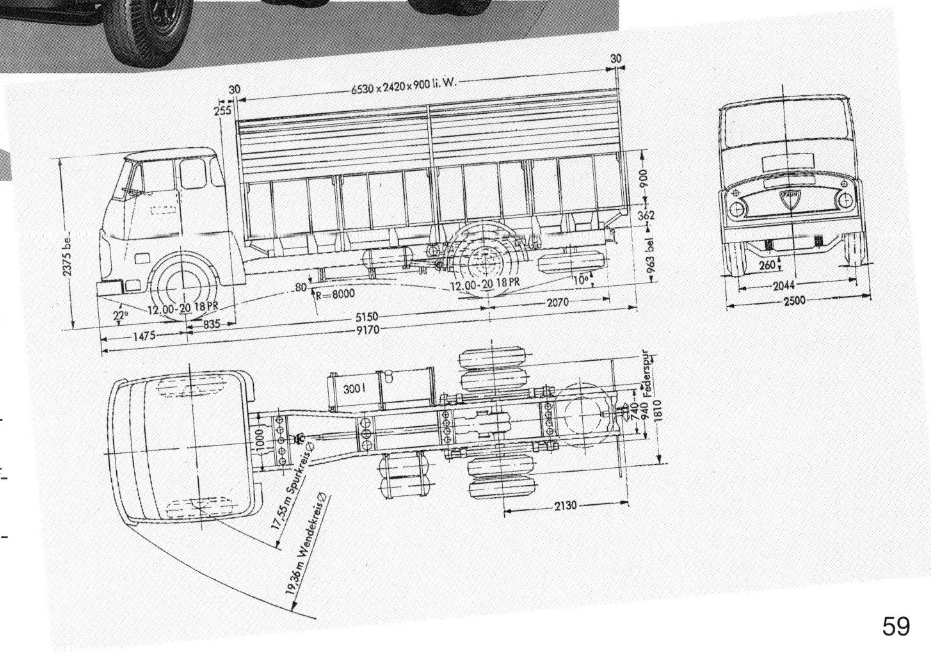

Mit dem L 10 für den 38-Tonnen-Lastzug stellten die Faun-Ingenieure 1963 wieder eine Spitzenleistung auf die Beine: Wassergekühlter Turbodiesel mit 275 PS, Sechsganggetriebe mit Vorschaltgruppe und Lenkradschaltung sowie ein hochgesetztes Fahrerhaus über mit einem Kunststoffunterbau abgedecktem Motorbereich. Eine Serienfertigung des »Eurotrans« kam leider nicht zustande.

Prospekt für den gewaltigen Muldenkipper K 40/40 VW: Die elektronische und drucklufttechnische Symo-Schaltung führte das Drehmoment des 340-PS-Zwölfzylinders auf die Planetenantriebe in den Radnaben. Schnell, geschmeidig und ruckfrei wechselten die vorgewählten Gänge des 31 Tonnen schweren Fahrzeugs.

Kleinste Zugmaschine Mitte der sechziger Jahre war die F 64/6/30 Z für 20 Tonnen Anhängelast. Ein 85- oder 126-PS-Deutz-Diesel arbeitete unter der Motorhaube. Die Zugleistung entsprach dem Bedarf von Baufirmen.

Zugmaschine F 64/6/30 Z für Anhängelasten bis 20 t

Fahrgestell	Zweiachs-Fahrgestell Bauart F 64/6/30 Z, Radstand 3000 mm, für etwa 20 t Anhängelast
Motor	luftgekühlter 6-Zylinder-Deutz-Dieselmotor F 6 L 613, Leistung 126 PS bei 2500 U/min., Drehmoment 31 mkp bei 1200 U/min., Hubraum 7412 ccm, Luftkühlung betriebssicher zwischen −40°C und +60°C Umgebungstemperatur Wahlweise mit 4-Zylinder-Deutz-Dieselmotor F 4 L 514, 85 PS, lieferbar
Kupplung	Einscheiben-Trockenkupplung F & S G 280 KZ
Getriebe	geräuscharmes, leicht schaltbares ZF-Fünfgang-Allklauen-Getriebe AK 5-35, Berggangausführung, Untersetzungen: 6,75 / 3,95 / 2,41 / 1,51 / 1,0 / 6,06
Vorderachse	lenkbare Faustachse, sehr leichtgängig beim Steuern, großer Einschlagwinkel
Hinterachse	Antriebachse mit Spiral-Kegelrad-Antrieb, Stirnradvorgelege und Ausgleichgetriebe, Achsuntersetzung 7,11:1
Kraftübertragung	Gelenkwelle mit nadelgelagerten Kreuzgelenken und Längenausgleich
Federung	vorn durch Halbelliptikfedern und Stoßdämpfer hinten durch Halbelliptikfedern und zusätzliche Gummihohlfedern Schubübertragung auf Rahmen durch die Federn
Bremsen	Fußbremse: Öldruck-Vierradbremse mit Druckluftunterstützung Handbremse: feststellbar, mechanisch mit Druckluftunterstützung, auf die Hinterräder wirkend Motorbremse: druckluftbetätigte Auspuff-Klappenbremse mit elektrischer Steuerung der Anhängerbremsanlage
Räder	Scheibenräder mit Felgen 6,25-20
Bereifung	6fach 8,25-20 PR 10 mit zusätzlichem bereiften Ersatzrad
Lenkung	ZF-Lenkung GD 63 mit nadelgelagerter Lenkrolle
Elektrische Ausrüstung	vorschriftsmäßig nach StVZO 12-V-Anlage mit 300-W-Lichtmaschine, 4-PS-Anlasser, 2 Batterien je 135 Ah, 2 Hauptscheinwerfer, Nebellampen, Schlußbeleuchtung, Blinklichtanlage, Rückfahrscheinwerfer
Zubehör	200-l-Kraftstoffbehälter, Anhängekupplung, Anhängerbremsanschluß hinten, vordere Schubkupplung, Satz Werkzeuge mit Wagenheber und Wagenwinde
Fahrerhaus	Zweitürige Normalausführung hinter dem Motor für drei Personen, Fahrersitz verstellbar, Motorwarmluftheizung, Sicherheitsverglasung, versenkbare Türscheiben, Schwenkfenster, Scheibenwischer, Rückblickspiegel, Kienzle-Tachograf, Drehzahlmesser sowie mit allen erforderlichen Sicherheits- und Überwachungseinrichtungen
Aufbau	Belastungsbrücke in Stahlausführung mit klappbaren Bordwänden, Abmessungen 2600 x 2350 x 500 mm l. M.
Gewichte	Leergewicht ohne Ballast etwa 4 500 kp zulässiger Vorderachsdruck 3 050 kp zulässiger Hinterachsdruck 6 100 kp zulässiges Gesamtgewicht 9 150 kp Anhängelast etwa 20–30 t

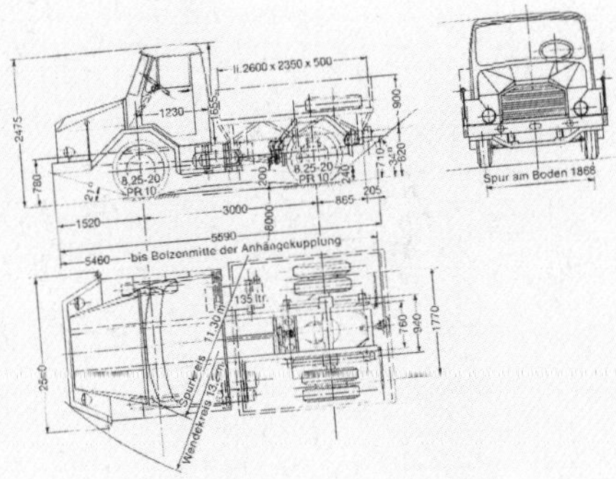

Geschwindigkeiten bei höchster Motordrehzahl und Steigleistungen bei größtem Drehmoment

Getriebegang	Geschwindigkeiten	Steigleistungen bei Anhängelasten von 18 t	20 t	30 t
5. Gang	62,00 km/h	0,2 %	–	–
4. Gang	41,00 km/h	1,4 %	1,1 %	0,3 %
3. Gang	24,00 km/h	3,2 %	3,2 %	1,4 %
2. Gang	15,65 km/h	6,9 %	5,8 %	3,7 %
1. Gang	9,15 km/h	11,9 %	11,0 %	7,8 %
R.-Gang	10,75 km/h	10,5 %	10,0 %	6,7 %

Änderungen vorbehalten!

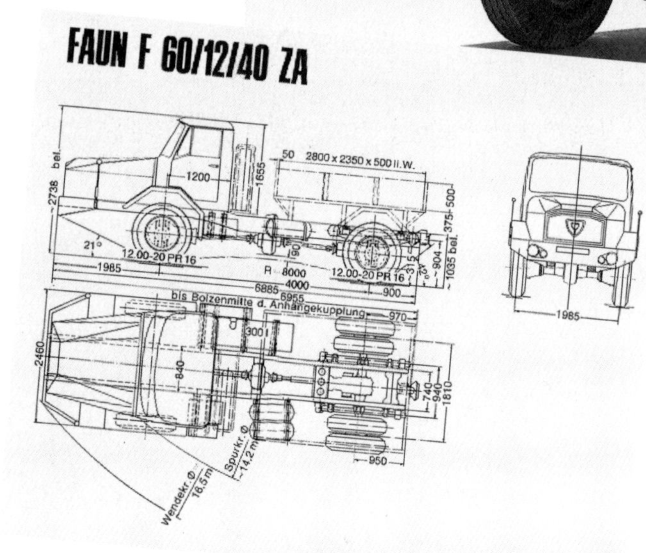

Zugmaschine F 60/12/40 ZA mit Großraumkabine mit luftgekühltem 300-PS-Motor, 1967. Höchstgeschwindigkeit auf der Straße: 65 km/h.

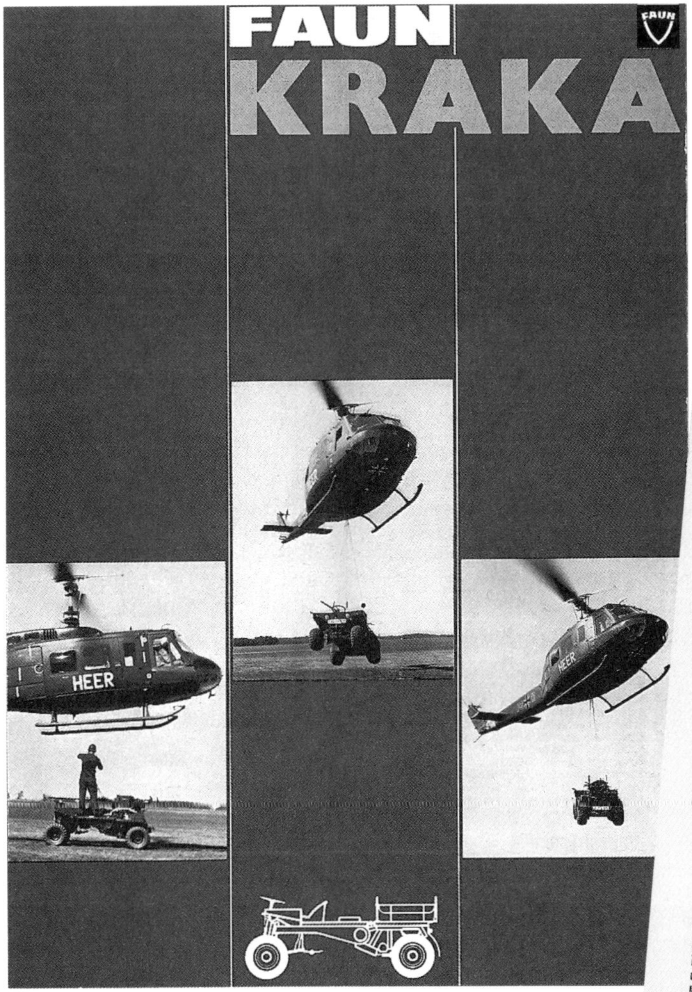

Das wohl eigenwilligste von Faun gebaute Fahrzeug war der »KRAKA« (Kraftkarren) für die Fallschirmjäger der Bundeswehr. Der 26 PS starke BMW-Boxermotor trieb über Ketten den zusammenklappbaren und für den Luftabwurf geeigneten Mehrzweck-Transporter und Geräteträger an. Über 800 Exemplare entstanden 1967-73 im Bremer Zweigwerk.

Technische Daten für das Mehrzweck-Fahrzeug „KRAKA"

Maße

Länge über alles	2780 mm
Breite über alles	1510 mm
Höhe über alles	1280 mm (über Spiegel)
Höhe der Ladefläche	775 mm
Größe der Ladefläche	1400 x 1400 mm
Radstand	2058 mm
Spurbreite	1138 mm vorne / 1130 mm hinten
Bodenfreiheit	260 mm auf Mitte Vorderachse

Gewichte

Leergew. (vollgetankt)	735 kg ohne Fahrer mit Zubehör
zul. Gesamtgewicht	1610 kg
zul. Achslast vorn	610 kg
zul. Achslast hinten	1000 kg

Fahrleistungen

Max. Geschwindigkeit	55 km/h
Steigfähigkeit	ca. 55 %
Wattiefe	500 mm
Wendekreis	8,5 m

Technische Daten der Baugruppen

01 Motor

Hersteller/Typ	BMW, Typ 427 mit Drehzahlendbegrenzer
Bauart	Viertakt-Boxermotor
Zylinderzahl	2
Bohrung/Hub	78/73 mm
Gesamthubraum	697 cm³
Dauerleistung	26 PS bei 4500 U/min
Max. Drehmoment	6,7 mkp bei 3000 U/min
Verdichtung	7,5:1
Schmiersystem	Ölsumpf-Druckumlauf-Schleuder-schmierung, Zahnradpumpe
Ölfilter	Schmieröl-Spaltfilter mit Metallgeflecht
Motorlage im Fahrzeug	Heckanordnung
Motoraufhängung	Vierpunkt in Gummi

02 Kupplung

Hersteller	Fichtel & Sachs
Bauart	Einscheiben-Trockenkupplung
Typ	KS 180/CBL

03 Kraftstoffanlage

Vergaser	Bing Gleichdruckvergaser 64/32/16
Luftfilter	Micronicfilter mit Vorabscheider und Ansauggeräuschdämpfer
Kraftstoffbehälter	24,5 Liter
Kraftstoff-Förderung	mechanische Pumpe

05 Kühlanlage

Motorkühlsystem	Luftkühlung durch Radialgebläse auf der Kurbelwelle, Kühlluftmenge ca. 200 l/sek bei 3000 U/min, Ölkühler (Inhalt 400 cm³) mit Elektrolüfter und Temperaturschalter (110°C EIN/105°C AUS)

06 Elektrische Anlage

Entstörung	Fernentstört
Betriebsspannung	12 Volt
Zündung	Batteriezündung
Zündkerzen	Bosch W 240 T 2, Beru 240/14/3
Elektrodenabstand	0,6 ÷ 0,1 mm
Lichtmaschine	Anlaß-Licht-Zündanlage 12 V/130 W
Art der Regelung	spannungsregelnd durch getrennten Regler
Anlasserbetätigung	elektrisch
Zündspulen	2 Stck. 6 Volt in Reihe geschaltet
Batterie	12 V/45 Ah (NATO)

07 Getriebe

Bauart	Vollsynchronisiertes Wechsel- und Ausgleichsgetriebe mit Achsantrieb		
Anzahl der Gänge	4 vorwärts — 1 rückwärts		
Gesamtübersetzung und Höchstgeschwindigkeit in den Gängen	IV. Gang	10,46	55,0 km/h
	III. Gang	15,65	35,0 km/h
	II. Gang	23,91	23,0 km/h
	I. Gang	43,76	12,0 km/h
	R.-Gang	42,53	13,0 km/h

Ölfüllmenge im Getriebegehäuse	1,15 Liter
Kraftübertragung	Getriebe-Differential-Kette

10 Vorderachse

Radaufhängung	an zwei Querblattfedern

11 Hinterachse

Radaufhängung	starr in Schwingrahmen

12 Bremsanlage

Betriebsbremse	hydraulische Vierradbremse
Feststellbremse	mechanisch auf beide Hinterräder wirkend

13 Räder

Anzahl der Räder	4 6,50 - 16 XL
Bereifung	Lypsoid-Reifen 22 x 12 Typ L 3
Reifendruck	vorne 0,4—0,8 bar hinten 0,6—1,5 bar je nach Zuladung. Luftdrücke unter 1,0 bar sind nur beim Einsatz im Gelände zulässig

14 Lenkung

Bauart	Zahnstangenlenkung

15 Rahmen

Bauart	geschlossener Profilrahmen aus Stahlblech

16 Federn

Vorderradfederung	2 Halbelliptikfedern, quer 1 Parabelfeder mit Gummihohlfedern
Hinterradfederung	Triebsatzschwinge mit Gummifedern

Konstruktionsänderungen vorbehalten!

FAUN-WERKE Zentralverwaltung Neunkirchen a. Sand · D-8560 Lauf a. d. Pegn.
Postfach 8 · Telefon (0 91 23) 30 71 · Telex: 06-24 893

197. VII. 75 - 1 (d)

Die Eilfrachter-Baureihe erneuerte Faun 1967 mit eigenen, glasfaserverstärkten Polyester-Fahrerhäusern (GFP-Technik). Als Ein-, Zwei- und Dreifach-Kabiner wurden nur noch wenige 2- bis 3,5-Tonner mit luftgekühltem 75-PS-Deutz- oder wassergekühltem 80-PS-MWM-Diesel gefertigt.

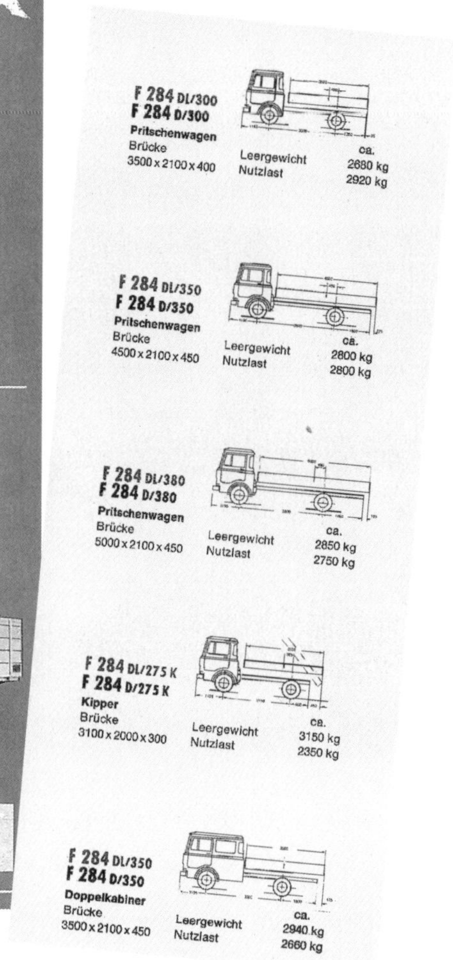

»Saubere Straßen, saubere Plätze« – unter diesem Motto warb Faun 1968 für die dreirädrige und damit äußerst wendige Kehrmaschine AK 3H. Hans Gründl stellte das Modell in die New Yorker Stadtlandschaft. Bei überwiegendem Nachteinsatz empfahl Faun die Verwendung eines leiseren Vergasermotors.

»Schnell liefern – noch schneller, Ihr Umsatz steigt mit dem Liefertempo!« pries Faun den modernen 1,5-Tonnen-»Eilfrachter« an: Vollsynchrongetriebe mit Lenkradschaltung, Höchstgeschwindigkeit 85 km/h.

In rasanter Geländefahrt stellte der Graphiker den mit 265 PS ausreichend motorisierten Geräteträger Z 912/21 von 1961 dar. Das hydraulisch betätigte Räumschild diente zum Ausheben von Splitterschutz-Wällen für die gezogene Kanone. 1100 Exemplare gingen an die Bundeswehr.

Auf einer Sandpiste vor schneebedeckten Bergen setzte der Illustrator die Schwertransport-Kombination mit zwei der stärksten Faun-Zugmaschinen. Ein 16-Zylinder-Detroit-Diesel mit 811 PS trieb den 8x8-Gigant für 500 Tonnen-Gesamt-Zuggewicht an. In der Tat: Eine starke Gruppe.

Ab 1967 stellte Faun die ersten deutschen Vierachser im Serienbau (8x4-, 8x6- und 8x8-Ausführungen) her. Die Baustellenfahrzeuge erhielten ein in Abkanttechnik ausgeführtes Fahrerhaus mit K-förmiger Vorderfront, um ein Verschmutzen der Frontscheiben zu mindern.

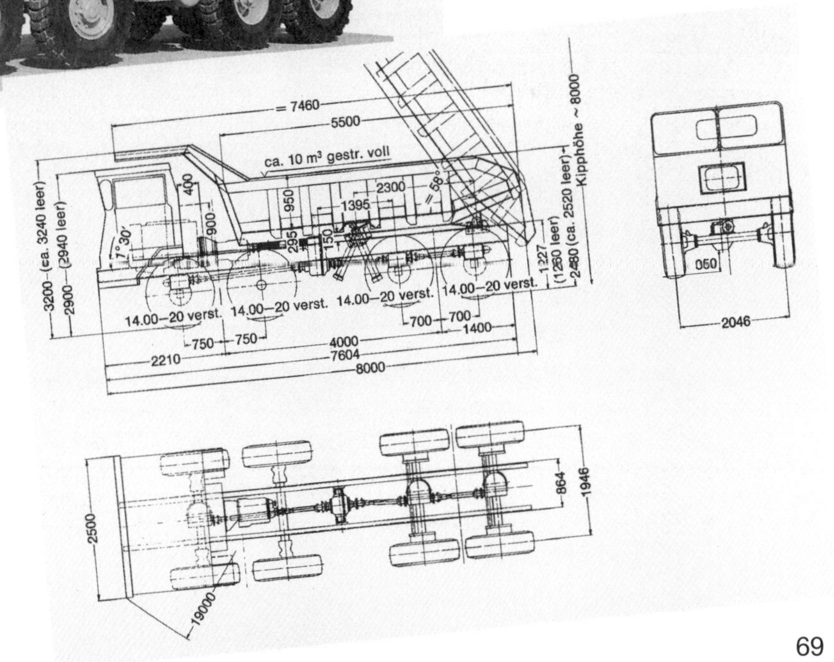

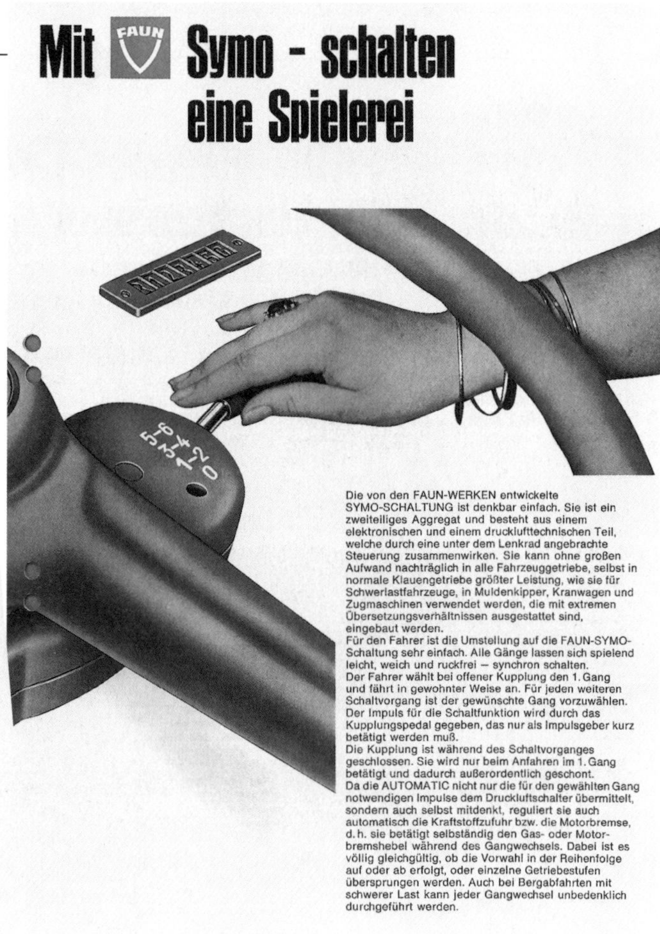

Letzte Faun-Fernlaster-Generation war die Serie F 610 VL und F 6103 VL für den 38-Tonnen-Zug, nachdem der L 10 nicht in den Serienbau gegangen war. Mit dem kippbaren, leichten und geräuscharmen Stahl-Kunststoff-Fahrerhaus sowie der halbautomatischen Symo-Schaltung waren die Faun-Ingenieure 1967 ihrer Zeit weit voraus.

Mit dem Frontlenker-Fahrerhaus in Niedrigbauweise (Low-Line) beschritt Faun im Bau von Kranwagen-Fahrgestellen neue Wege. Mit dem nach vorn überragenden Kranausleger konnte das Fahrzeug niedrige Durchfahrten passieren. Der 10x8-Typ LK 1412/64 V stellte 1968 die größte Version dar.

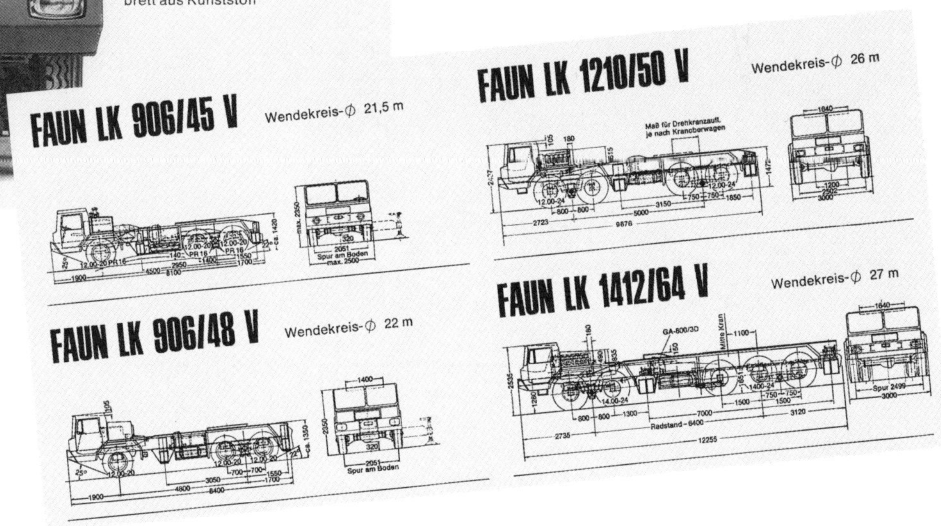

(ipp- und Entleerungsvorgang wird durch Differential-Kippzylinder
ulisch gesteuert. Das Entleeren des Kehrichtbehälters geschieht automatisch.
ı eine Drucktaste wird der Kippvorgang eingeschaltet.

Technische Daten

Motor	MWM-Dieselmotor, 70 PS, Direkteinspritzung
Zylinder	4
max. Drehmoment	21,3 mkp
Hubraum	2980 ccm
Batterie	12 Volt, 135 Ah
Kupplung	Einscheiben-Trockenkupplung
Getriebe	ZF-4-Ganggetriebe
Geschwindigkeit	2,5–30 km/h
Bereifung	3fach 9.00–20 PR 14
Lenkung	ZF-Lenkung über Gelenkwellen und Schubstange auf lenkbares Hinterrad wirkend
Einschlagwinkel	45°
Fußbremse	Druckluftbremse auf Vorderräder wirkend
Handbremse	Federspeicherbremse
Kehrgutbehälter	2 cbm Inhalt
Sprengwasserbehälter	600 Liter Inhalt
Kehrleistung	bis 35 000 qm/h
Kehrbreite	bis 2800 mm
Radstand	2885 mm
Länge	5475 mm
Höhe	2900 mm
innerer Spurkreisradius	2000 mm
Wendekreis	5000 mm
Leergewicht	5100 kp
zul. Gesamtgewicht	bis 8000 kp

Änderungen vorbehalten!

Für die Großkehrmaschine AK 320 HB verwendete Faun 1968 ein Lkw-Fahrerhaus in Kunststoff-Bauweise. Doppellenkung, ein hydraulisch abklappbarer Vorderbau sowie das ebenfalls hydraulisch angetriebene Besenband (HB) zeichneten das wendige, dreirädrige Spezialfahrzeug aus.

FAUN-Zugmaschine L 1206 W/45 Z 6 x 6

Die allradangetriebene Zugmaschine L 1206 W/45 Z 6 x 6 ist für Anhängelasten von mehr als 100 t ausgelegt. Als Antriebsaggregat dient ein Sechszylinder-Dieselmotor mit Abgas-Turbolader. Leistung 450 PS bei 2200 U/min, max. Drehmoment 159 mkp bei 1600 U/min. Zur Kraftübertragung ist ein Drehmomentwandler mit i = 2,53 im Festbremspunkt und ein Achtgang-Lastschaltgetriebe eingebaut. Die maximale Zugkraft im Wandler-Festbremspunkt beträgt fast 30 t, die Steigleistung rund 25 %.

Alle drei Achsen sind gefedert (vorne Halbelliptikfedern mit kräftigen Stoßdämpfern, hinten Halbelliptikfedern in Pendelanordnung sowie Längslenker zur Schubübertragung). Neben der Betriebsbremse (Sechsrad-Zweileiter-Zweikreis-Druckluftbremse) und der Handbremse (auf die Hinterräder wirkende Federspeicherbremse) steht ein pneumatisch über ein Dreiwegeventil gesteuerter hydrodynamisch gesteuerter Retarder zur Verfügung, bei dessen Betätigung die Anhänger-Dauerbremse elektropneumatisch hinzugeschaltet wird.

Für noch schwerere Transporte wird diese Maschine mit Planetengetrieben in den Radnaben – Zugkraft 33,5 t – angeboten.

Mit einem Stahl-Kunststoff-Fahrerhaus und mit Kunststoffhaube stellte FAUN 1969 eine neue Leistungsklasse vor. Die allradgetriebene Zugmaschine war mit einem aufgeladenen DB-, später MTU-Motor mit 450 PS für 100 Tonnen Anhängelast ausgerüstet. Über ein 8-Gang-Lastschaltgetriebe erreichte der Kraftprotz 52 km/h.

In Funktionalität unübertroffen war die Großraum-Kehrmaschine AK 4H von 1970. Das wie ein Hubschrauber-Cockpit gestaltete, vollverglaste Fahrerhaus gab dem Modell ein eindrucksvolles Aussehen. Tellerbesen und Besenband wurden hydraulisch durch einen 125-PS-Henschel- oder 108-PS-Kämper-Fahrmotor angetrieben.

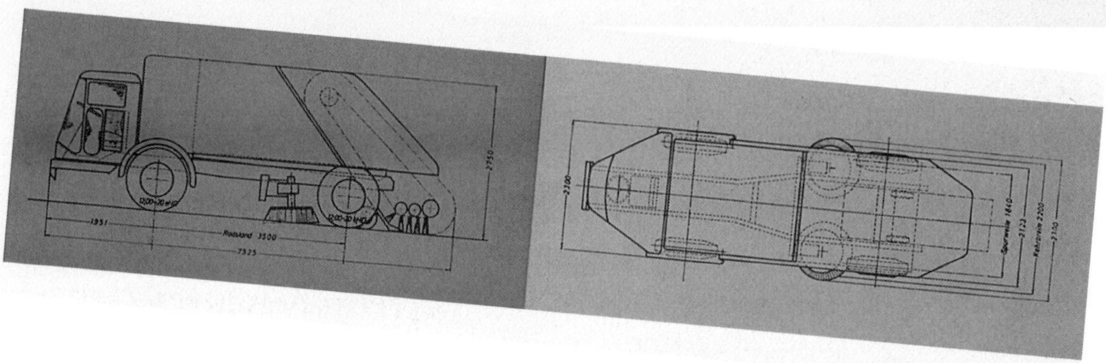

Flurförderfahrzeuge mit Nachläufer SH

zum Transport flüssiger Schmelzen

Die ideale Lösung zur rationellen Förderung im Hüttenbetrieb

Außerordentlich wendig, dadurch Aufnehmen und Absetzen der Gieß-pfannen unter dem Konverter möglich

Hohe Betriebssicherheit durch doppelten Bedienungsstand.

Wechsel der Fahrersitzposition in Sekundenschnelle durch Drehsitz.

FAUN FS 40.20/26 4x4 +
SH 50/40 4x0

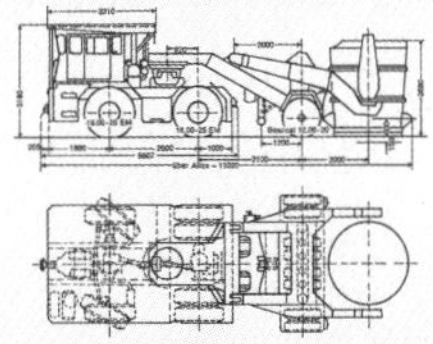

Flurförderfahrzeuge zum Transport flüssiger Schmelzen bildeten Anfang der siebziger Jahre ein weiteres Fertigungsgebiet der Faun-Werke. Der FS 40.20/26 4x4 konnte mit dem Nachläufer SH 50/40 4x0 Gießpfannen unter dem Konverter aufnehmen: 210-PS-Motor, gemauertes Schutzdach und Planetenantriebe in der Vorderachse.

In der Produktgruppe Industriefahrzeuge erschienen 1970 Flugzeug- und Industrieschlepper. Hier der SF 20.20/25 4x4 mit einem 210 PS starkem Motor von Mercedes-Benz, Lastschaltgetriebe und Planetenantrieb auf die Trilex-Räder. Die Zugkraft des 21 Tonnen schweren Fahrzeug lag bei 14,7 t.

TECHNISCHE DATEN

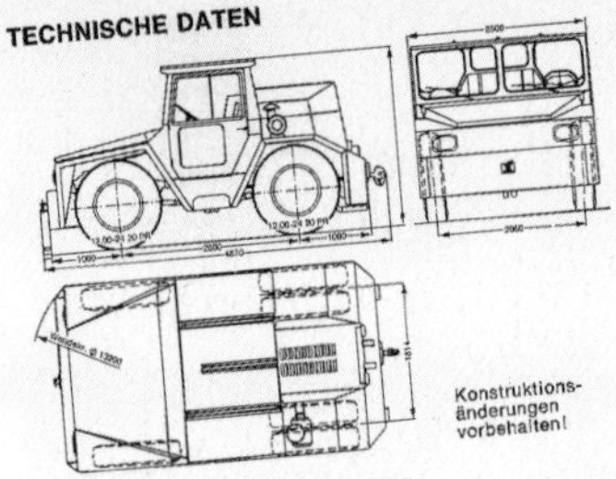

Konstruktionsänderungen vorbehalten!

Motor: DAIMLER BENZ-OM 355
Wassergekühlter 6-Zylinder-Dieselmotor, 210 PS, bei 2200 U/min
Drehmoment Md = 74 mkp bei 1300 U/min
Hubvolumen: 11,58 l

Getriebe: ZF-3 HM 60

Übersetzung i:	vorwärts	rückwärts
1. Gang	2,49	2,5
2. Gang	1,61	
3.Gang	1,0	

Wandlung im Festbremspunkt: 2,42

Zwischengetriebe: FAUN-ZG 21
Übersetzung i: 1,056

Verteilergetriebe: ZF-GA 350/2 D
Übersetzung i:
Schleppgang 2,1, Straßengang 0,744
Drehmomentverteilung: 2:1

Achsen: FAUN-21
Vorderachse: gelenkte Antriebsachse mit Planetenantrieb in den Radnaben
Übersetzung i: 17,16
Hinterachse: wie Vorderachse, jedoch nicht gelenkt

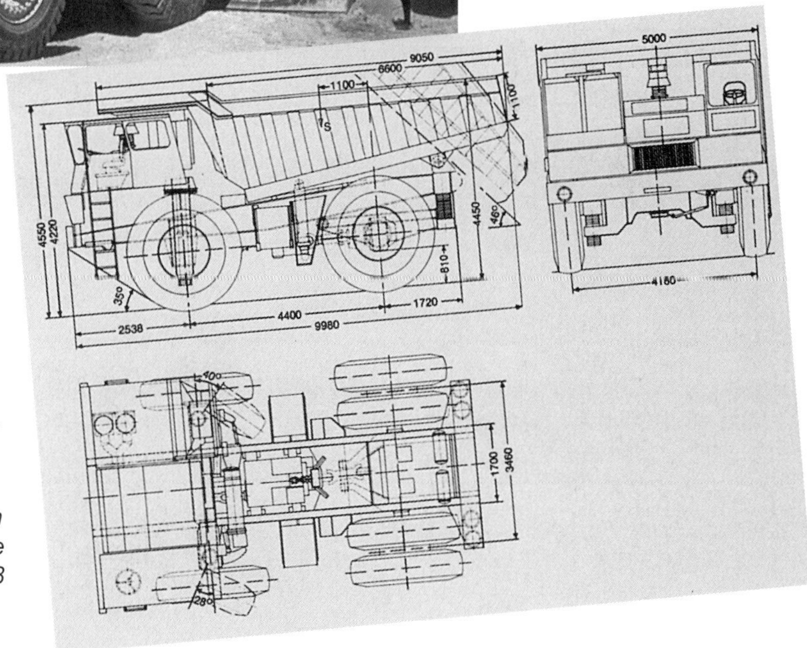

Spitzenmodell der Muldenkipper-Baureihe war 1978 der Faun K 80/W 4x2. Über ein MTU-Automatikgetriebe setzte der 910 PS starke MTU-Diesel die Hinterachse des 67-Tonners in Bewegung. Die Nutzlast von 75 Tonnen konnte mit maximal 60 km/h befördert werden, so daß sich 142 Tonnen Gesamtgewicht bewegten!

Gegen Ende der siebziger Jahre konnte Faun als Universalhersteller für Reißkraft, Hubkraft, Tragkraft und Schubkraft ein komplettes Baumaschinenprogramm anbieten: Bagger der ehemaligen Mengele-Konstruktion, Muldenkipper aus Butzbach sowie Radlader und Grader des Faun-Frisch-Werkes aus Kissing.

Schwerlasttransporter SLT 50-2 Elefant

Abmessungen:	Gesamtlänge/Gesamtbreite ca. 8830/ 3050 mm Höhe über RKL beladen ca. 2830 mm Radstand/Wendekreis Ø ca. 4200/22400 mm
Gewichte:	Leer-/Gesamtgewicht ca. 23200/42000 kg Sattel-/Nutzlast ca. 18000/52000 kg Vorder-/Hinterachslast ca. 14900/ 8300 kg Gesamtzuggewicht ca. 92000 kg
Motor:	MTU-MB 837 Ea-500, wassergekühlt, 537 kW, max. Drehmoment 2590 N_m bei 1600 min^{-1}
Getriebe:	ZF-Drehmomentwandler W 500-10 m. Wandler-Überbrückungskupplung, Hydromedia-Getriebe 4 PW 200 H2; 4 Vor- und 2 Rückwärtsgänge
Achsen:	FAUN-Typ 17, Antrieb 8x8, 2x gelenkt – 2x starr
Reifen:	18 R–22,5 XS Tubeless PR 20, 8fach + 1
Fahrleistungen mit Gesamtzuggewicht:	Geschwindigkeit 65 km/h; Steigleistung 30%, Zugkraft 300000 N; Leistungsgewicht 5,84 kW/t
Aufbau:	Aufsattelkupplung
Seilwinde:	Hydraulisch, 2x170000 N Zugkraft
Fahrerhaus:	Zweitüriges, geschlossenes Frontlenkerfahrerhaus in Gemischtbauweise (Stahl/GFK) für 4 Personen, gummigelagert
Elektrik:	Entsprechend den einschlägigen EG-, StVZO- und TL-Vorschriften, Funkentstörung entspricht TL A-061
Bremsanlage:	Zweikreis-Druckluft-Allradbremse, Auslegung entspricht StVZO
Lenkung:	ZF-Halbblock-Hydrolenkung
Kraftstoffanlage:	1 Kraftstoffbehälter 800 l

Für den Straßen- und Geländetransport des Leopard I-Panzers entwickelte Faun den Schwerlastzug SLT 50-2 »Elefant« mit Kässbohrer-Auflieger. Die 8x8-Zugmaschine war mit einem 730 PS starken Diesel in Mittellage hinter dem Fahrerhaus ausgestattet. 324 dieser Elefanten mit dem markanten Stahl-Kunststoff-Fahrerhaus gingen ab 1977 an die Bundeswehr.

In den siebziger Jahren erhielten die Zugmaschinen eigene GFK- und MAN-Frontlenkerkabinen oder Fahrerhäuser von Magirus mit verschieden gestalteten GFK-Hauben für den Motor. Auf Ölfeldern in Nordafrika und – unter anderem – beim Militär im Nahen Osten fanden die Haubenzugmaschinen in Tropenausführung Verwendung. Die HZ 32.25/40 6x4 als Sattelzugmaschine war mit einem 275-PS-Diesel, die spätere HZ 46.40/49 8x8 mit einem 455-PS-Diesel ausgestattet.

Faun Fahrzeuge 1977-1997

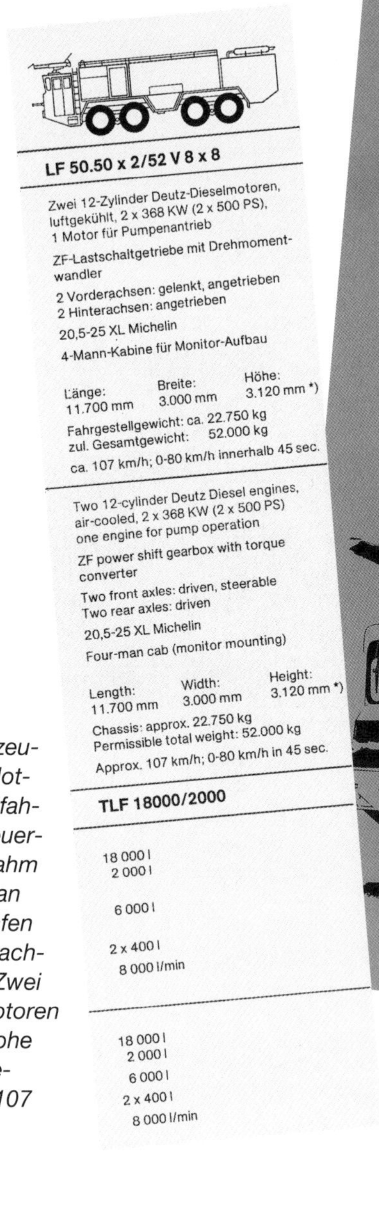

LF 50.50 x 2/52 V 8 x 8

Zwei 12-Zylinder Deutz-Dieselmotoren, luftgekühlt, 2 x 368 KW (2 x 500 PS), 1 Motor für Pumpenantrieb

ZF-Lastschaltgetriebe mit Drehmomentwandler

2 Vorderachsen: gelenkt, angetrieben
2 Hinterachsen: angetrieben

20,5-25 XL Michelin

4-Mann-Kabine für Monitor-Aufbau

Länge:	Breite:	Höhe:
11.700 mm	3.000 mm	3.120 mm *)

Fahrgestellgewicht: ca. 22.750 kg
zul. Gesamtgewicht: 52.000 kg
ca. 107 km/h; 0-80 km/h innerhalb 45 sec.

Two 12-cylinder Deutz Diesel engines, air-cooled, 2 x 368 KW (2 x 500 PS) one engine for pump operation

ZF power shift gearbox with torque converter

Two front axles: driven, steerable
Two rear axles: driven

20,5-25 XL Michelin

Four-man cab (monitor mounting)

Length:	Width:	Height:
11.700 mm	3.000 mm	3.120 mm *)

Chassis: approx. 22.750 kg
Permissible total weight: 52.000 kg
Approx. 107 km/h; 0-80 km/h in 45 sec.

TLF 18000/2000

18 000 l
2 000 l

6 000 l

2 x 400 l
8 000 l/min

18 000 l
2 000 l
6 000 l
2 x 400 l
8 000 l/min

Moderne Großraumflugzeuge benötigten für den Notfall auf der Piste schnellfahrende Hochleistungs-Feuerlöschfahrzeuge. Faun nahm diese Herausforderung an und rüstete viele Flughäfen mit zwei-, drei- und vierachsigen Fahrzeugen aus. Zwei bis zu 600 PS starke Motoren gewährleisteten 1981 hohe Beschleunigung und Geschwindigkeiten bis zu 107 km/h.

FAUN-Schaum-Löschfahrzeug LF 1410/52 V 8 x 8

Das FAUN-Programm bietet Feuerlöschfahrzeuge in zwei-, drei- und vierachsiger Ausführung mit Löschkapazitäten von 8000 l Wasser/800 l Schaummittelextrakt bis 20000 l Wasser/2000 l Schaummittelextrakt sowie mit 12000 kg Trockenlöschmittel. Die Motorleistungen liegen zwischen 340 und 2 x 600 PS, die entsprechenden Höchstgeschwindigkeiten betragen bei jeweils sehr hohen Beschleunigungswerten 93 bis 110 km/h. Für die unterschiedlichsten Einsatzzwecke steht jeweils ein maßgeschneiderter Typ zur Verfügung, zum Beispiel gibt es für die Brandbekämpfung in engen Straßen ein Modell mit zwei Fahrerhäusern, mit dem sich die Fahrtrichtung ohne zeitraubende Wendemanöver sofort umkehren läßt, ferner können Schaum- und Trockenlöschmittel auch von einem Fahrzeug mitgeführt werden.

Dieses größte und schnellste Schaum-Löschfahrzeug ist eine Weiterentwicklung der bereits bewährten FAUN-Tanklöschfahrzeuge. Mit seinem 1000 PS starken Daimler-Benz-Dieselmotor erreicht es bei einem Gesamtgewicht von 50 t aus dem Stand eine Geschwindigkeit von 80 km/h in 38 sec und von 100 km/h in 65 sec. Die Kraftübertragung vom Motor erfolgt über den Drehmomentwandler und das Lastschaltgetriebe mit vier Vorwärts- und zwei Rückwärtsgängen sowie das angeblockte Verteilergetriebe mit Drehmomentverteiler zu den Vorder- und Hinterachsen.

Das Fahrzeug ist für eine Löschkapazität von 18000 l Wasser und 1800 l Schaummittelextrakt ausgelegt. Als Löscheinrichtung dienen ein Turmwenderohr mit einem Durchsatz von 36000 l/min und einer Wurfweite von 55 m sowie ein Stoßstangenwenderohr mit 9600 l/min bei einer Wurfweite von 35 m. Die Zumischrate des Schaumextraktes ist von 0 bis 10 % regelbar. Um das Fahrzeug auch bei kleinen Bänden wirtschaftlich einsetzen zu können, ist an jeder Fahrzeugseite eine Schlauchhaspel mit 30 m Hochdruckschlauch und einer Löschpistole – Durchsatz 1500 l/min – angeordnet.

Mit anderen Aufbauten können 12000 kg Löschpulver 70 m weit versprüht werden.

Die Schaum- oder Pulverwerfer sind auf dem Dach des geräumigen Fahrerhauses und an der Frontpartie untergebracht und lassen sich vom Inneren der Kabine aus bedienen.

Schaumlöschfahrzeug LF 1410/52 V in 8x8-Ausführung und ein Prospektblatt für das FL KFZ 8000 LF 40.30x2/48 V, ebenfalls als 8x8 mit zwei 320-PS-Motoren im Heck. Für den Einsatz auf Flugplätzen, zur Großflächen-Brandbekämpfung und zum Löschwassertransport baute Faun 84 Exemplare für die Luftwaffe. Das Einheits-Fahrerhaus mit den abgeschrägten Kanten (zum Passieren von Eisenbahn-Tunneleinfahrten) nahm vier Besatzungsmitglieder auf.

FL KFZ 8000
Typ LF 40.30x2/48 V 8x8

Abmessungen: Gesamtlänge/Gesamtbreite ca. 10850/ 2750 mm
Höhe beladen ca. 3160 mm
Radstand/Wendekreis Ø ca. 4800/25400 mm

Gewichte: Leer-/Gesamtgewicht ca. 24000/32800 kg
Löschkapazität Wasser/Schaum 8000/ 800 l
Vorder-/Hinterachslast ohne Aufbau 4750/11450 kg

Motor: 2 x KHD BF 8 L 413 F, luftgekühlt, je Motor 235 kW, max. Drehmoment 981 Nm bei 1800 min⁻¹

Getriebe: Je Motor ZF-Lastschaltgetriebe Typ 3 PW 45 H und ZF-Gruppengetriebe Typ GU 350/3
3 x Straßengang vorwärts; 3 x Geländegang vorwärts; 3 x Rückwärtsgang

Achsen: FAUN-Typ 09, Antrieb 8 x 8, 2 x gelenkt – 2 x starr

Reifen: 16.00–20 XL, 8fach

Fahrleistungen mit Gesamtgewicht: Geschwindigkeit 94 km/h (von 0–80 km/h = 42 sec) Steigleistung 40%, Leistungsgewicht 14,3 kW/t

Löschaufbau: Firma Kronenburg, geeignet für eine Löschkapazität von 8000 l Wasser und 800 l Schaum
Ausstoßrate Wasser/Schaum 4000 l/min

Fahrerhaus: Zweitüriges, geschlossenes Frontlenkerfahrerhaus in Gemischtbauweise (Stahl/GFK) für 4 Personen

Elektrik: Entsprechend den einschlägigen EG-, StVZO- und TL-Vorschriften, Funkentstörung gemäß VDE 0879, Teil 1

Bremsanlage: Zweikreis-Druckluft-Allradbremse, Auslegung entsprechend EG-Vorschrift

Lenkung: ZF-Halbblock-Hydrolenkung

Kraftstoffanlage: 1 Kraftstoffbehälter 320 l

Abmessungen:	Gesamtlänge/Gesamtbreite	ca. 8830/ 3070 mm
	Höhe über RKL bel./leer	ca. 2980/ 3020 mm
	Radstand/Wendekreis Ø	ca. 4200/22400 mm
Gewichte:	Leer-/Gesamtgewicht	ca. 19700/39700 kp
	Sattel-/Nutzlast	ca. 20000/56000 kp
	Vorder-/Hinterachslast	ca. 2x8000/2x10000 kp
	Gesamtzuggewicht	ca. 95000 kp
Motor:	KHD BF 12 L 413 FC, luftgekühlt, 386 kW, max. Drehmoment 1690 N_m bei 1750 min^{-1}	
Getriebe:	Mech. Klauengetriebe ZF 4S-150 GPA mit Wandlerschaltkupplung ZF WSK 400; 8 Vor- und 1 Rückwärtsgang	
Achsen:	FAUN-Typ 10/10; Antrieb 8x6, 2x gelenkt – 2x starr	
Reifen:	18–22,5 XS PR 20, 8fach + 1	
Fahrleistungen mit Gesamtgewicht:	Geschwindigkeit 67 km/h; Steigleistung 44,8%, Zugkraft 394740 N, Leistungsgewicht 4 kW/t	
Aufbau:	Aufsattelkupplung	
Seilwinde:	Hydraulisch 2x170000 N Zugkraft	
Fahrerhaus:	Zweitüriges, geschlossenes Frontlenkerfahrerhaus in Gemischtbauweise (Stahl/GFK) für 4 Personen, gummigelagert	
Elektrik:	Entsprechend den einschlägigen EG-, StVZO- und TL-Vorschriften, Funkentstörung gemäß VDE 0879 Teil 1	
Bremsanlage:	Zweikreis-Druckluft-Allradbremse, Auslegung entsprechend EG-Vorschrift	
Lenkung:	ZF-Halbblocklenkung, Zweikreis-Hydraulik	
Kraftstoffanlage:	1 Kraftstoffbehälter 800 l	

Da der Leopard II im Zuge seiner Entwicklung immer schwerer wurde, waren die maximal 50 Tonnen Ladekapazität des Elefanten schnell erschöpft, weshalb ein tragfähigerer Auflieger entwickelt werden mußte. Ein luftgekühltes 525-PS-Aggregat von Deutz motorisierte die 8x6-Zugmaschine MFS 42.75/42, intern »MS Franziska« genannt. Der Auftrag umfaßte aber nicht mehr als 47 Exemplare.

Stärkster Faun Mobilkran mit 62 km/h für die Autobahnfahrt war 1981 der KF 600.83/1085. Eine Last von 800 Tonnen konnte bei einer Ausladung von 8,5 Metern bewegt werden. Allein 44 Tonnen wog der Unterbau des 16x8-Riesen.

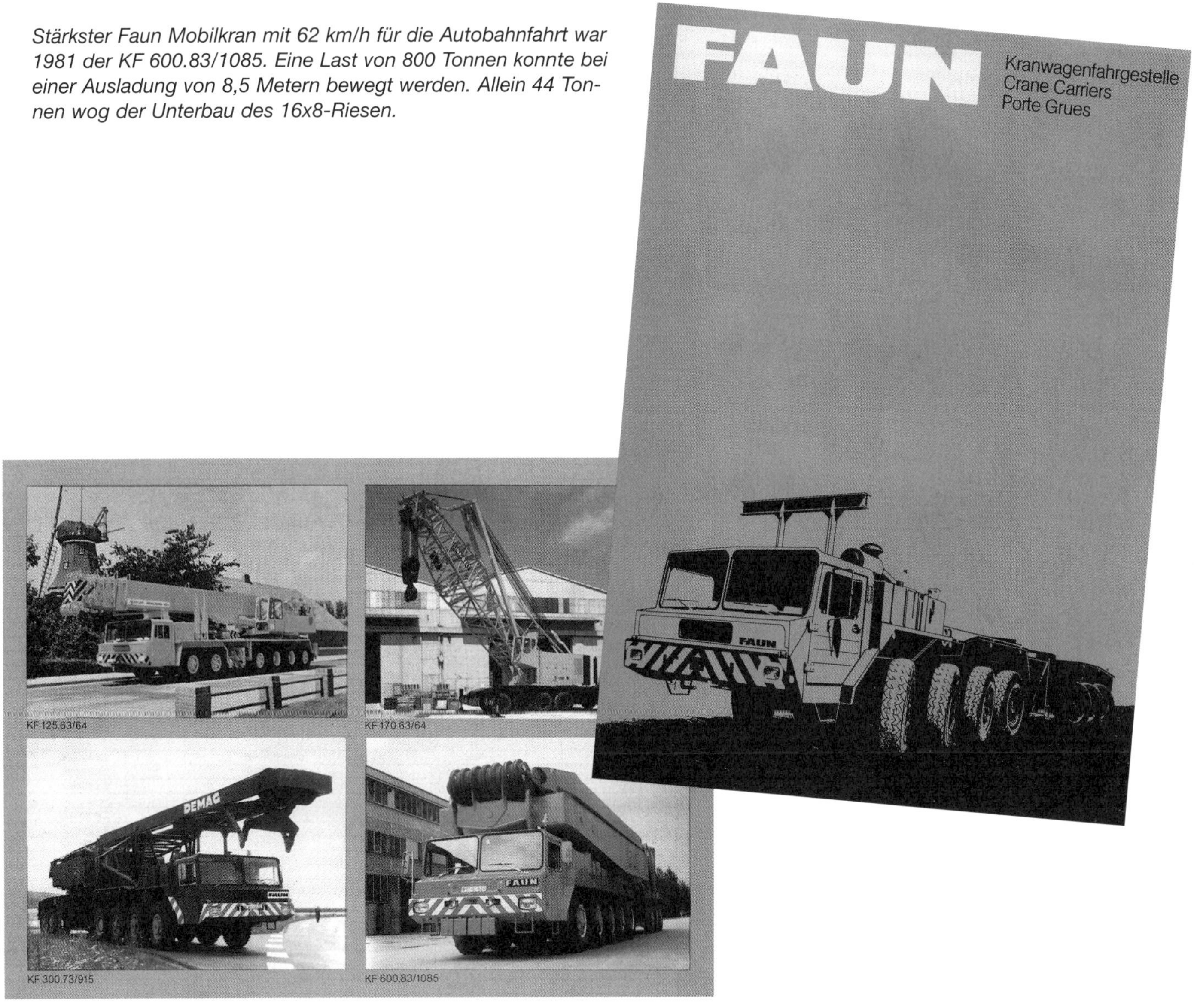

Beim Bau der russischen Jamal-Erdgasleitung, der Baikal-Amur-Magistrale in Sibirien und beim Panzertransport bewährte sich die Zugmaschine HZ 40.45/45 6x6. Der Kraftfluß ging vom Zwölfzylinder-Diesel mit 525 PS über einen hydrodynamischen Wandler, ein 5-Gang-Lastschalt- und ein Verteilergetriebe auf die drei Planetenachsen (1982).

Im Bereich Schwerlastfahrzeuge bot Faun Mitte der achtziger Jahre zwei-, drei-, vier- und fünfachsige Lastkraftwagen, Rohrtransporter und Bohrfeldfahrzeuge an. 600 bis 800 PS starke Triebwerke gaben den größten deutschen Lastwagen ihre Kraft.

Die mittlere, nicht angetriebene Achse des Fünfachsers der Baureihe HL von 1985 ließ sich anheben, wenn das Fahrzeug unbeladen war.

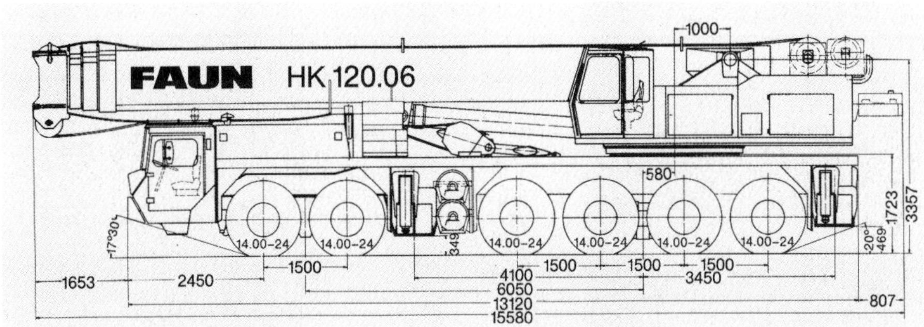

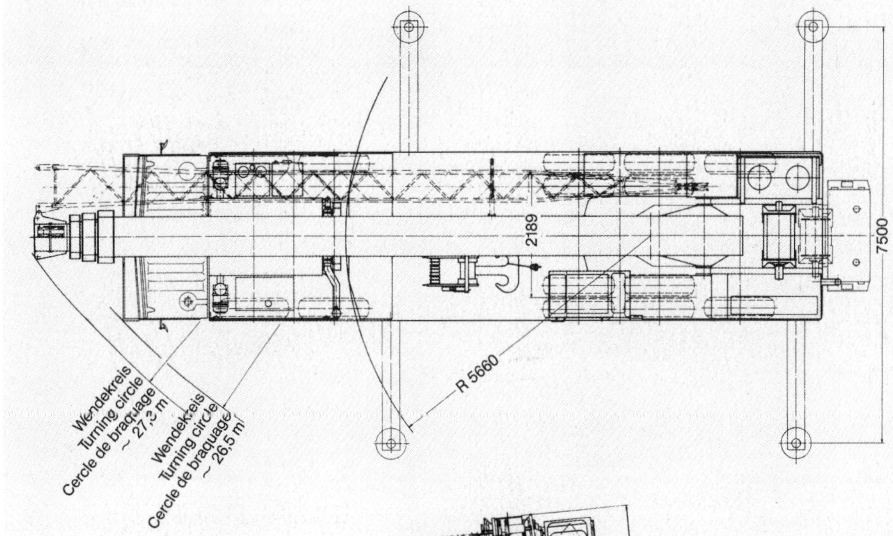

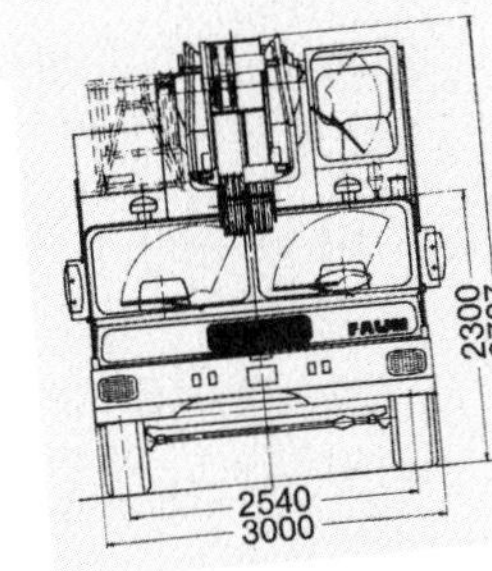

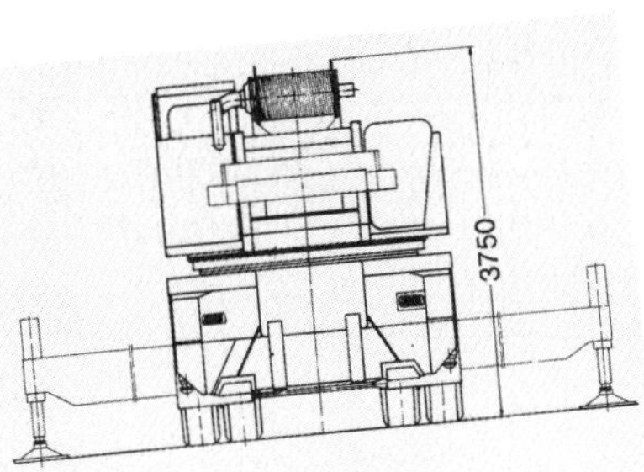

In den späten achtziger Jahren bildete der HK 120.06 bei Faun einen Höhepunkt der Hydraulikkran-Fertigung. Ein 384 PS starker Deutz-Diesel trieb den Sechsachser über ein 9-Gang-Schalt- und ein 2-Gang-Zwischengetriebe an. Ein 174-PS-Motor versorgte die Hydraulik für den Kranantrieb. Durch einen Hilfsausleger ließ sich die Kranhöhe von 44 auf 56 Meter erweitern.

Für die NATO entwickelte Faun 1987 den dreiachsigen Bergungskran BKF 20.31/46 6x6. Das Fahrzeug besaß die in Verbundbauweise erstellte Low-Line-Kabine, einen Zehnzylinder-320-PS-Diesel und Planetenachsen.

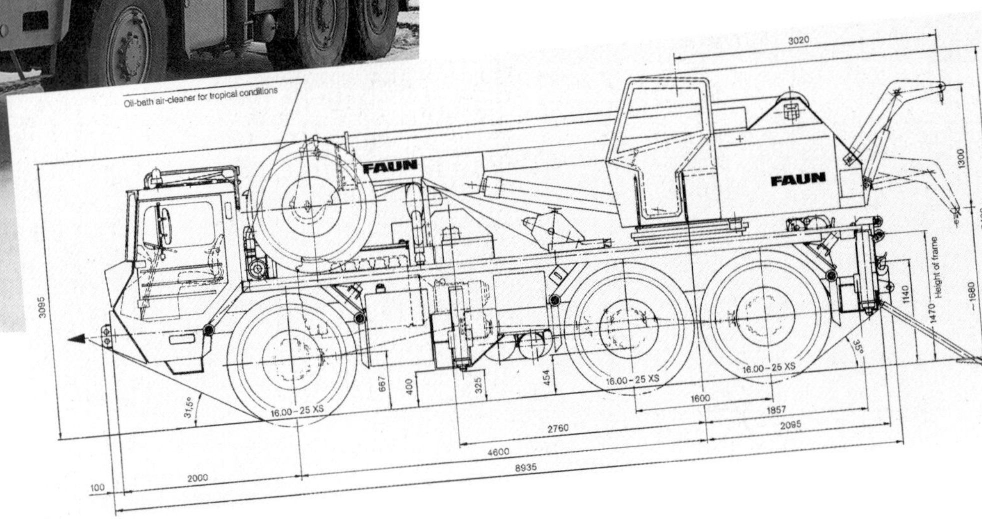

Mit dem 320-PS-Modell »Herkules« in Frontlenkerbauweise begann 1987 die letzte Serie der von Faun gebauten Zugmaschinen. Auf das 6x6-Fahrgestell kam ein von MAN geliefertes Fahrerhaus. Die Zugleistung lag bei 230 Tonnen. Es gab die Wahl zwischen Motoren von Deutz, Mercedes-Benz und Cummins.

Eine Klasse stärker als der »Herkules« war die 280-Tonnen-Zugmaschine »Koloss« mit 480 PS starkem Zwölfzylinder-Deutz-Diesel. Hinter der Kunststoffhaube saß ein Magirus-Fahrerhaus; verschiedene Bereifungssysteme standen zur Verfügung.

Für den allradgetriebenen **Goliath** 8x8 ist der Transport von mittelschweren bis schweren Lasten Alltag. Auf der Straße, im Baustellenbetrieb und auf Pisten zieht er als Sattelzug bis 150 Tonnen Gesamt-Zuggewicht und in der Kombination Zugmaschine/Vollanhänger bis 350 Tonnen. Schwere unteilbare Lasten sind seine Stärke.

Motor

Kraftvoll, zuverlässig und wirtschaftlich bringt der 12-Zylinder Deutz-Dieselmotor mit Ladeluftkühlung (Typ BF12L513C) den Goliath auf Touren. Der luftgekühlte Direkteinspritzer leistet starke 525 PS (386 kW). Das bewährte Baukastensystem ermöglicht den Austausch der Zylindereinheiten.
Die Motorkühlung ist thermostatisch geregelt.

Getriebe

Das vollsynchronisierte Getriebe (Typ ZF 16S-190A) in Kombination mit der Wandlerschaltkupplung (WSK 400) garantiert sanftes, ruckfreies Anfahren an Steigungen und in unebenem Gelände. Der Fahrer muß weniger schalten und kann sich dadurch besser auf die Fahrbahn konzentrieren. Wird zusätzlich Zugkraft benötigt, erfolgt der Gangwechsel ohne zu kuppeln durch Betätigung des Kick-down.

Achsen

Die FAUN-Achsen geben dem Goliath absolute Sicherheit bei jedem Einsatz. Der für die jeweilige Aufgabe präzis abgestimmte Planetenantrieb erzeugt in den Radnaben das hohe Drehmoment. Der Antrieb verteilt sich zu zwei Vierteln auf die Vorderachsen und zu zwei Vierteln auf die Hinterachsen.
Querdifferentialsperren für alle Achsen sind als Zusatzausrüstung möglich.

Bereifung

Serienmäßig ist der Goliath mit der Bereifung Größe 12.00 – 24 XY ausgerüstet.

Federung

Souveränes Fahrverhalten verdankt Goliath den Halb-Elliptik-Federpaketen mit zusätzlichen Stoßdämpfern.

Fahrerhaus

Komfortables, geräumiges Ganzstahl-Fahrerhaus für drei Personen, hoher Bedienungskomfort, übersichtliche Armaturen, verstellbarer, pneumatisch gefederter Fahrersitz, mit automatischer Gewichtseinstellung, machen das Fahren zum Vergnügen.

Für ein »sanftes und ruckfreies Anfahren« übertrug ein 525-PS-Deutz-Motor über ein 16-Gang-Vollsynchrongetriebe mit Wandlerschaltkupplung seine Kraft auf die vier Faun-Planetenachsen. Nur über Leitern vermochte die Besatzung das hochgesetzte Fahrerhaus zu erreichen.

In Zusammenarbeit mit Brandschutztechnikern entwickelten Faun-Ingenieure die Feuerlösch-Baureihe »Sprinter« 4x4, »Racer« 6x6 und »Winner« 8x8. Bei imposanter Beschleunigung sollten bis zu 132 km/h erreicht werden. Jedoch nur der Typ »Racer« mit 2x365 PS ging 1989 in die Fertigung.

Racer (LF 30 6x6)	**Winner** (LF 40 8x8)
2x220 (300) bis 2x294 (400)	2x294 (400) bis 2x368 (500)
Automatgetriebe 4 Gang (5 Gang)	Automatgetriebe 4 Gang (5 Gang)
einstufig für 2 oder 1 Motorantrieb	einstufig für 2 oder 1 Motorantrieb
1x (2x) für Löschpumpe, motorabhängig: n = 0,97 x nMot., Md = 950 Nm mit Zuschaltautomatik	1x (2x) für Löschpumpe, motorabhängig: n = 0,97 x nMot., Md = 950 Nm mit Zuschaltautomatik
FAUN-Planetenachsen	FAUN-Planetenachsen
16.00 R 20	16.00 R 20
Höchstgeschwindigkeit 110 km/h (5 Gang-Getriebe 132 km/h)	Höchstgeschwindigkeit 110 km/h (5 Gang-Getriebe 132 km/h)
Fahrer (Mitte links Position) 1 Beifahrer (links), 1 Kommandant (mitte rechts), 1 Beifahrer (rechts)	Fahrer (Mitte links Position) 1 Beifahrer (links), 1 Kommandant mitte (rechts), 1 Beifahrer (rechts)
Breite 2750 mm	Breite 2750 mm
24000 kg bis 30000 kg	32000 kg bis 40000 kg
24,5 (33,3) – 14,6 (20)	23 (31,2) – 14,7 (20)
ca. 12900 kg	ca. 16000 kg
≤ 25 sec., ≤ 40 sec.	≤ 25 sec., ≤ 40 sec.
ABS/ASR/ADSS	ABS/ASR/ADSS
RDRA Reifendruckregelanlage	RDRA Reifendruckregelanlage
Bereifung 24 R 20,5 bei Fahrzeugbreite 3000 mm	Bereifung 24 R 20,5 bei Fahrzeugbreite 3000 mm
Fahrerhaus lange Ausführung	Fahrerhaus lange Ausführung
Einmotorenantrieb mit Leistungsverteiler	Einmotorenantrieb mit Leistungsverteiler
9000 l/1000 l	14000 l/1500 l
5000 l/min	6000 – 8000 l/min
2x400 l/min	2x400 l/min
6000 l/min	8000 – 10000 l/min

FAUN All-Terrain Cranes RTF.

FAUN all-terrain cranes are off-road specialists which are also manoeuvrable and speedy on normal roads.

This is the point where FAUN proves all its experience in the field of vehicle construction: A chassis design which ensures an excellent tracking and steering stability and traction. It also manages a most difficult terrain and extreme slopes.

The hydropneumatic suspension and level control ensure a high driving comfort, even at a speed of 80 km.p.h. on the road. Increasing the ground clearance, they facili-tate the horizontal alignment of the crane in uneven terrain. The well-balanced weight-to-performance ratio and the optimum distribution of the axle loads permit the compliance with the specified axle loads, even when the crane is in full rig arrangement.

A specific technical brochure is available for each crane model. The data outline in the annex of this brochure will give you an initial, general information.

Grues FAUN tout-terrain.

Les grues tout-terrain FAUN sont a la fois sp`écialistes en tout terrain et usagers rapides dans la circulation.

Là se présente toute l'expérience de FAUN dans le domaine de la construction de véhicules: Une conception de châssis garantissant une tenue de route et de direction exceptionnelle, et une traction extraordinaire. Elle maîtrise aussi un terrain très difficile et des montées extrêmes.

La suspension hydro-pneumatique et le nivelage permettent de garantir un bon confort de translation, même sur route à 80 km/h. En augmentant la garde au sol, elle facilite l'alignement horizontal de la grue en terrain accidenté. Le rapport bien équilibré poids/per-

In den neunziger Jahren präsentiert sich Faun Tadano als Spezialhersteller für schnellfahrende Mobilkrane. In zwei- bis sechsachsiger Ausführung mit Allrad-Lenkung und Motoren von 256 bis 384 PS werden die RTF-Modelle (Rough-Terrain-Fast) gebaut. Hydropneumatische Federung und Niveauregelung sorgen für hohen Fahrkomfort selbst bei 80 km/h.

Stammbaum eines Unternehmens

	Stammunternehmen	Stamm Braun-Werk	Erworbene Unternehmen	Stamm FA
1990	TADANO-FAUN GmbH			
1985	FAUN AG (Trennung FAUN-KUKA)			
1984	FAUN-Werke AG, Kommunalfahrzeuge und Lastkraftwagen Karl Schmidt			
1980			Kibo Kommunalmaschinen GmbH u. Co. KG, Hohenbrunn b. München	
1979			Gerätetechnik Petter GmbH, Unna-Massen	
1977			Frisch-Baumaschinen GmbH, Kissing Trojan Industries, Batavia/USA	
1976	FAUN-Werke KG, Kommunalfahrzeuge und Lastkraftwagen Karl Schmidt			
1971/72			KUKA-Umwelttechnik, Augsburg Streicher GmbH u. Co. KG, Stuttgart	
1970			Pintsch-Bamag AG, Butzbach	
1969			(ehem.) Büssing-Werk, Osterholz-Scharmbeck	
1967	FAUN-Werke GmbH u. Co. KG, Kommunalfahrzeuge und Lastkraftwagen Karl Schmidt			
1963	FAUN-Werke KG, Kommunalfahrzeuge und Lastkraftwagen Karl Schmidt			
1961/62			Zweirad-Union AG, Nürnberg	
1958			AERO-Dienst Nürnberg, Nürnberg	
1956			FAUN-Benelux N. V. AFAG, Korbeek-Lo/Leven/Belgien	
1955			Willy Ostner, Fahrzeugwerke OHG, Sulzbach-Rosenberg, Opf. (gegr. 1932 in Dresden)	
1934	FAUN-Werke, Kommunalfahrzeuge und Lastkraftwagen Karl Schmidt; ab 1945 Lauf a. P.			
1926	FAUN-Werke GmbH, Kommunalfahrzeuge und Lastkraftwagen	Trennung		Fahrzeugfabrik Ansbach AG
1920	FAUN-Werke AG			
1918/19	Fahrzeugfabriken Ansbach und Nürnberg AG (FAUN)	Fusion		
1916				Fahrzeugfabrik Ansbach AG
1913	Nürnberger Feuerlöschgeräte-, Automobillastwagen- und Fahrzeugfabrik GmbH, vorm. Justus Christian Braun			
1912		Justus Christian Braun-Premier-Werke AG, Nürnberg-Doos		
1910/11				
1910	Nürnberger Wagenbau & Radfabrik Karl-Schmidt, Nürnberg			
1906				Fahrzeugfabrik Ansbach GmbH, Ansbach (FA)
1900			Nürnberger Motorfahrzeuge-Fabrik »Union« GmbH, Ludwig Maurer, Nürnberg	
1873		Nürnberger Feuerlöschgeräte- und Maschinenfabrik vorm. Justus Christian Braun		
1845		Justus Christian Braun, Nürnberg		

FAUN Firmenzeichen im Wandel der Zeit.

1918

1923

1924

1925

1934

1936

1949

1962

1966

TADANO FAUN